公園植物ワンダーランド

花福こざる

イースト・プレス

koen shokubutsu
Wonderland
*
MOKUJI

それでは公園へレッツゴー

＊洗足池公園＊

公園

そこは都会のオアシス
蝶が舞い
鳥が囀り
花は咲き乱れ

いつでも我々を迎え入れてくれる
しかもほぼタダで

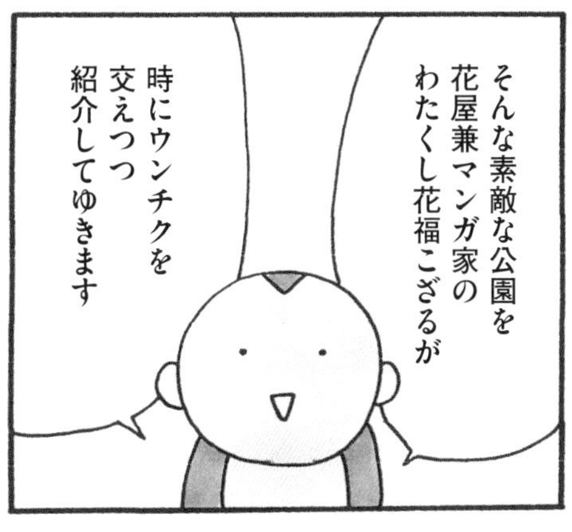

そんな素敵な公園を花屋兼マンガ家のわたくし花福こざるが
時にウンチクを交えつつ紹介してゆきます

旅のお供は
イースト・プレスの
担当小林様です
草花
大好き
です
よろしくっす

行くぞ
おーーーっ

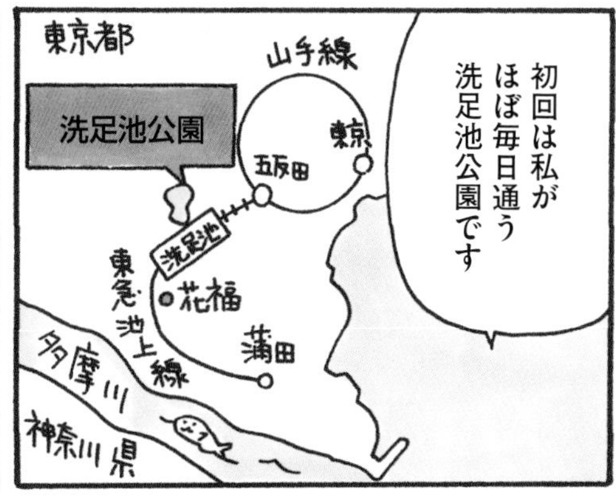
初回は私が
ほぼ毎日通う
洗足池公園です
東京都
山手線
洗足池公園
五反田
東京
洗足池
東急池上線
花福
蒲田
多摩川
神奈川県

池の周囲は公園で
1.2㎞の遊歩道が
あります
池月像
千束八幡宮
弁財天
桜広場
妙福寺
松
洗足池図書館
ボート乗場
洗足池駅

東急池上線
洗足池駅を下車

目の前です

ちょうど花見の
時期で人が
多いですね
あっ

ボート
ボート
スワン
ボート
乗りたい
はあ

ヨヒホー
ヒャッハー

ボート
久しぶり
秘技
高速漕ぎ
超絶
アガるっす

む？
あの鳥
なんすか？

ユリカモメ
ですよ
冬に来る
渡り鳥
もうすぐ
こんな顔になって
北へ渡る
ユリカモメ
ウミネコ
幼鳥
成鳥

洗足池は
鳥トリ天国
なんすよ

やば
時間だ

漕げ漕げ
うおーーっ

足が
ガクガク
お疲れ
間に合った

こっちに
日蓮上人
袈裟掛(けさがけ)の松が
あるんで
行きましょう
ふひー

※松の寿命は200年くらいが多いそうな

※取材時は2018年

わあ
キレイ

パンプル
ピンプル
パムポップン
ピンプル
パンプル
パムポップン
クリィミー
マミ

だめだ
対抗したいが
呪文がいっこも
浮かばない
あんなに
観てた
のに
この
お花
何？

花ニラ
葉をちぎると
ニラ臭が
するよ

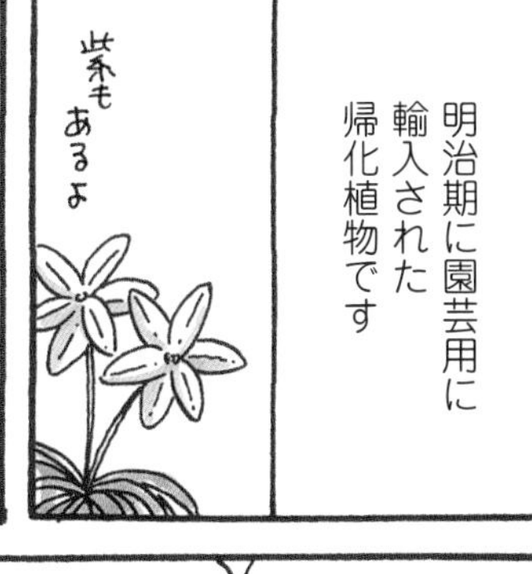
明治期に園芸用に輸入された帰化植物です
紫もあるよ

こいつすごい繁殖力で
ウチのプランターにもいつの間にか生えてんの
そういえばよく見かけるかも

他にも色々と咲いてますな
よしっ私が花見時期の花を少し紹介しよう

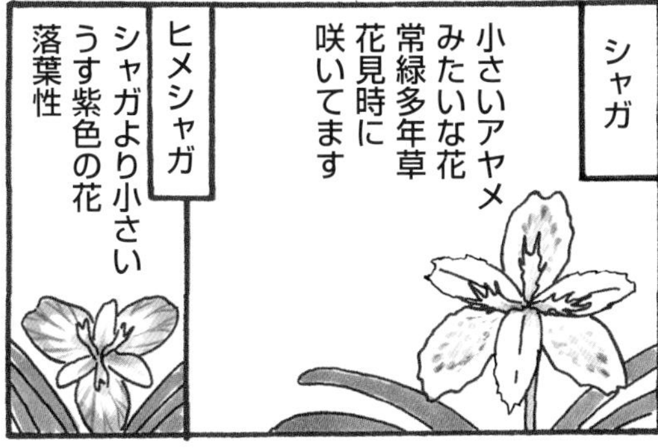
シャガ
小さいアヤメみたいな花
常緑多年草
花見時に咲いてます
ヒメシャガ
シャガより小さいうす紫色の花
落葉性

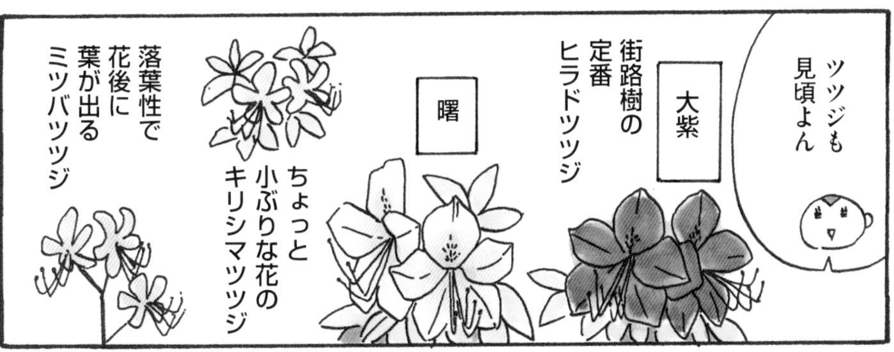
ツツジも見頃よん
大紫
街路樹の定番ヒラドツツジ
曙
ちょっと小ぶりな花のキリシマツツジ
落葉性で花後に葉が出るミツバツツジ

これも桜？
花桃ですよ
桃も今が見頃ですね

花桃も品種色々あるよ
矢口
キクモモ

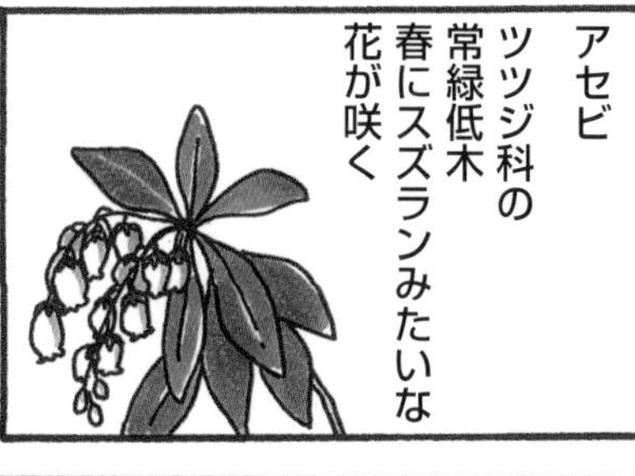
アセビ
ツツジ科の
常緑低木
春にスズランみたいな
花が咲く

これ毒があって
馬が食べると
酔ったように
なるから
「馬酔木(アセビ)」って
説があるんですが

名馬池月像
源頼朝が洗足池で
出会った名馬
めちゃ足速い
名馬
池月

食べちゃ
だめだよ
食べないよ
あっちに
屋台出てる
行こう行こう

わー
絶景
絶景
こんな
感じで
やって
いきます

＊ 新宿御苑〔前編〕＊

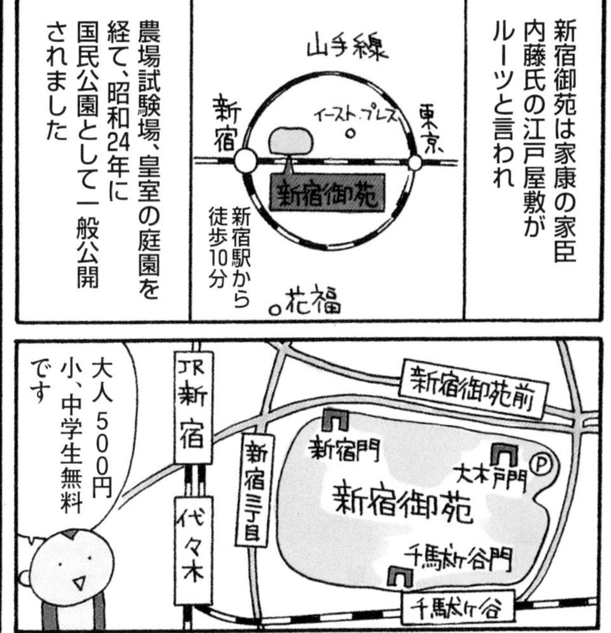

広さ58.3ha（約18万坪）周囲3.5km

タイサンボクの古木があるから見たいんですよ
ちょうど花時期だし
アジサイも見頃ですね
あれはなんですか？

ビョウヤナギですよ
オトギリソウ科の半常緑性低木
花期は6～7月頃

オトギリソウ科の似た花
キンシバイ
ヒペリカム
花材としては実が主流

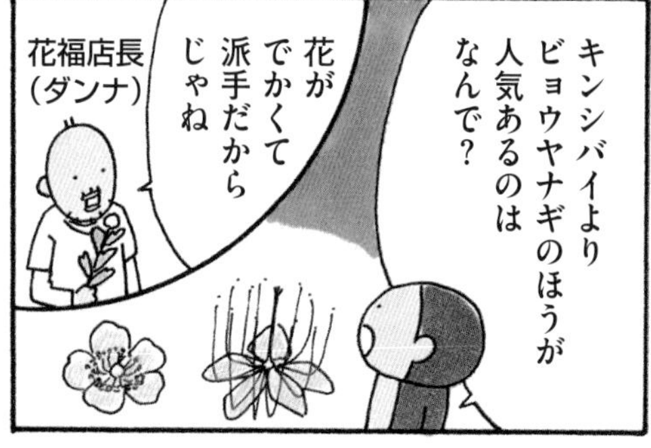
キンシバイよりビョウヤナギのほうが人気あるのはなんで？
花がでかくて派手だからじゃね
花福店長（ダンナ）

ちなみにゲームや映画の「弟切草」はオトギリソウ科のオトギリソウです
ホラー苦手で観てないですが
昔ゲームやったなー

見てみてイロハモミジにプロペラがいっぱい

ほんとだ
これって花？
種ですよ

秋に熟すと飛んでくよ
翼（よく）のある種たち
イヌシデ
翼
種
ボダイジュ
※翼じゃなくて苞葉ですが
種
松
松ぼっくりの中に入ってるよ
翼
種

今日ちょうど
イロハモミジ
仕入れたんですよ
へー
売ってるんだ

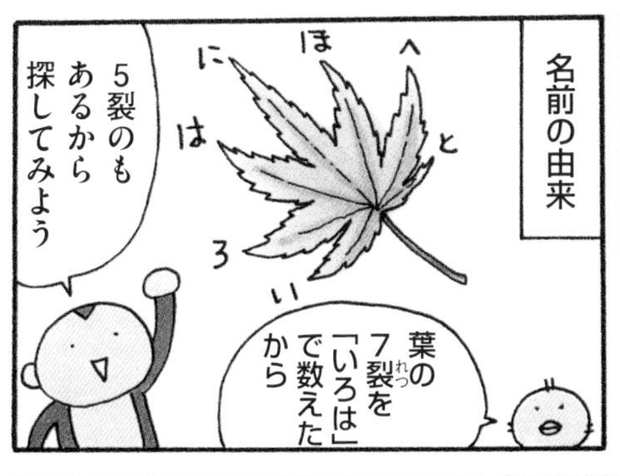
名前の由来
葉の7裂を「いろは」で数えたから
い
ろ
は
に
ほ
へ
と
5裂のもあるから探してみよう

タイサンボクこっちかな
あっ
ユリノキの巨木!!
モクレン科ユリノキ属
樹高　約35m
樹齢約100年以上
幹周約3.9m
別名ハンテンボク

すごい
すごい
でっけー
巨木萌え

ユリノキって面白い葉っぱ
この形はユリノキだけ!!

えっ
この木日本に最初に植えられたユリノキだって
ユリノキ

しかもこの木が
全国の街路樹の
ユリノキの母樹
なんだって
スゴイ!!
さらに萌え

小林さん
近所に
ユリノキ
ありますか
うーん
わからん
です

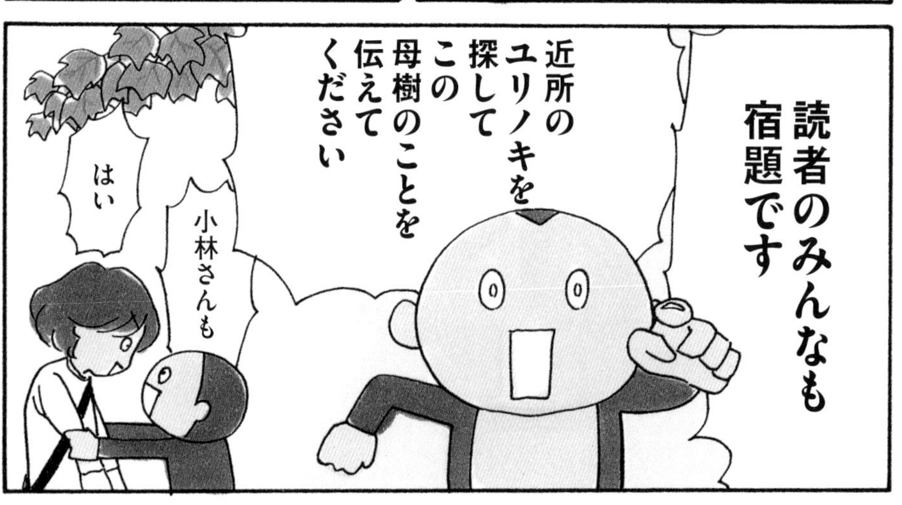
読者のみんなも
宿題です
近所の
ユリノキを
探して
この
母樹のことを
伝えて
ください
小林さんも
はい

なんで
ユリノキ
なんすかね?
花がユリの花に
似てるから
みたいです
英名は
チューリップ
ツリー

ユリノキの
種も
翼付き
タイプ
風で
飛ぶよ

備考2
ユリノキって
市場で
見たこと
ねえな
庭に
植わってる
のも
見ないね

あら温室
後で行きましょう

なんだろう
すごくいい香りがする

萌え萌え
タイサンボク
あった
わー
すごい
大きい!!
タイサンボク
モクレン科の常緑樹
北アメリカ原産で明治に日本に渡来。花期は５～６月

この木は明治38年頃植えられたんだって
へー
へー

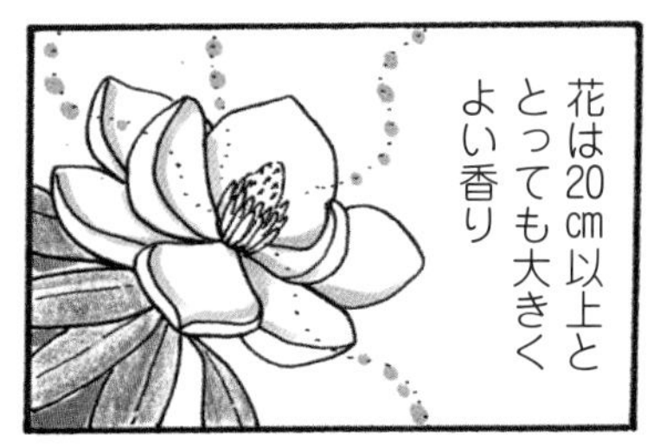
花は20㎝以上ととっても大きくよい香り

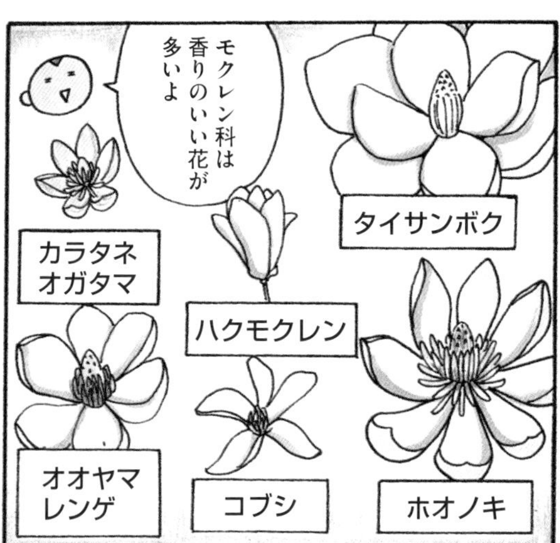
モクレン科は香りのいい花が多いよ
タイサンボク
カラタネオガタマ
ハクモクレン
オオヤマレンゲ
コブシ
ホオノキ

それにしても
ここって
カシャ

ヒマラヤスギ
すんごい
巨木が
多いですね
東京とは
思えませんよ

ああ幸せ
ここに
泊まりたい
泊まれません

でーん
フハッ

あのビル
なんだっけ？
NTTの
ビルです

豊かな杜に
囲まれて
芝生で
憩う人々

セントラルパーク感醸(かも)してる
超醸してるっす
うぷぷぷ
ぷぷ
あはは

あこれ血止め草でしょ

カシワバアジサイ
カシワ
あれ？
カシワバアジサイ

わかったあれだ

タケニグサですよ
あれー？

備考
小林さんは何と勘違いしたんだろう
チドメグサ

さらに奥に進むと

うわっなんだこれ

ラクウショウの
気根ですよ
へー
初めて見た

湿地に生える
ラクウショウは
幹の周囲に
呼吸根(気根)を
出すことがある

あっちの
よく似た木には
気根が
ないでしょ

メタセコイヤは
気根出ないいん
ですよ
へー

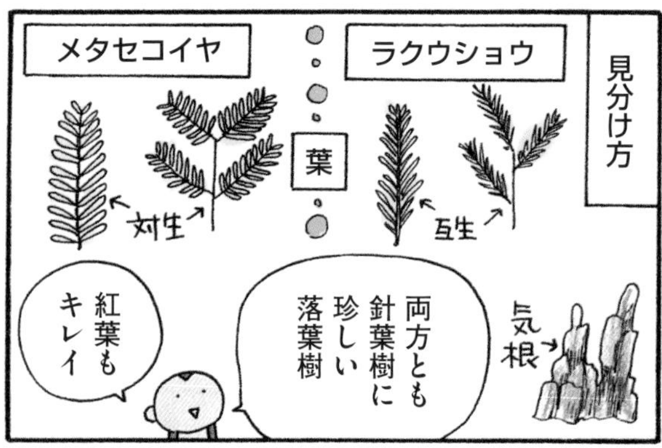
見分け方
ラクウショウ
メタセコイヤ
葉
互生
対生
気根
両方とも
針葉樹に
珍しい
落葉樹
紅葉も
キレイ

見れば見るほど
不思議な形
こんなに
気根出てるの
珍しいですよ
あら御苑の
名木10選に
入ってる!!
書きたい
ことがありすぎ
なので
次回に
続き
ます

＊新宿御苑［後編］＊

＊お花屋さん「花福」の店長。こざるさんの旦那さん

オレ新宿御苑
初めて来たよ
私もこないだ
25年ぶり
だったよ

ギンヨウヒマラヤ
マツ科ヒマラヤスギ属
常用針葉樹
アトラスシーダーの品種で
珍しいです
こないだ
この木の名前
メモるの忘れて
ギンヨウ
ヒマラヤか
珍しいな
初めて見た

木が多くて
いいね〜
あっ
温室入る前に
ちょい待ち

ヒマラヤスギ属の仲間
ギンヨウヒマラヤ
アトラスシーダー
ヒマラヤスギ
公園や庭に
よく植わってます
新宿御苑で
初めて見たよ

では
温室へ
入口

あ

オオアツバ
センネンボク
これ懐かしい
肉厚のドラセナ
植木屋の時
よく扱ってたけど
ほえ〜

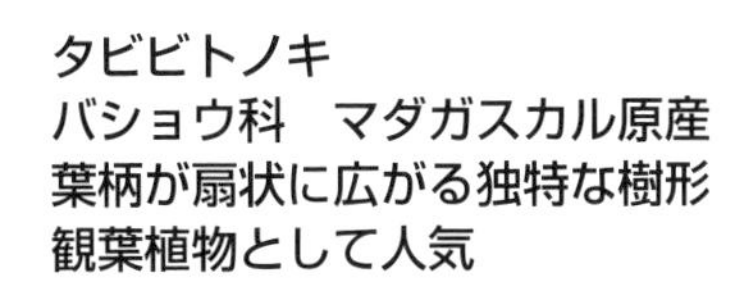
タビビトノキ
バショウ科　マダガスカル原産
葉柄が扇状に広がる独特な樹形
観葉植物として人気

ジャンボすぎて
笑う〜〜〜
あははは
すげーな

今すっかり
見なくなった
なー
生産者が
いないんだろな
初めて見たよ

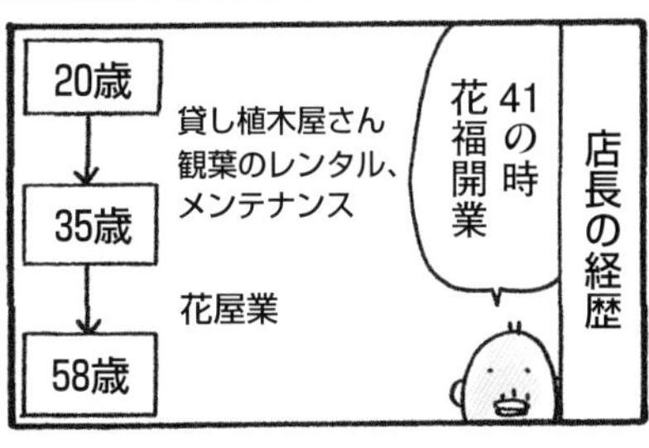
店長の経歴
41の時
花福開業
20歳
貸し植木屋さん
観葉のレンタル、
メンテナンス
35歳
花屋業
58歳

こないだ
仕入れた
サンユウカだ
あれ
見て
見て

巨木萌
鉢植えだと
ここまででかく
ならないよな〜
すごいよね

クササンタンカ
(ペンタスの1品種)
アカネ科

ペンタスの別名
クササンタンカって
いうのか
表記が
流通名と
ちょっと
違うよな
植物園ルール
なんかな？

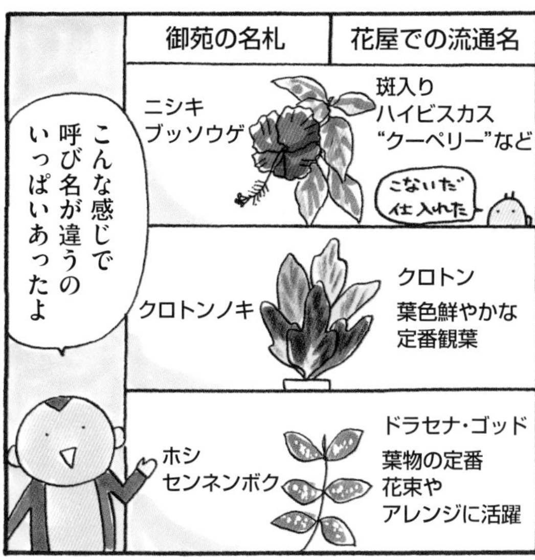

こんな感じで
呼び名が違うの
いっぱいあったよ
御苑の名札
花屋での流通名
ニシキ
ブッソウゲ
斑入り
ハイビスカス
"クーペリー"など
こないだ
仕入れた
クロトンノキ
クロトン
葉色鮮やかな
定番観葉
ホシ
センネンボク
ドラセナ・ゴッド
葉物の定番
花束や
アレンジに活躍

ベニハエギリ
エピスシアだ
イワタバコ科
小型美葉種の観葉
花もかわいい
ハンギング向き

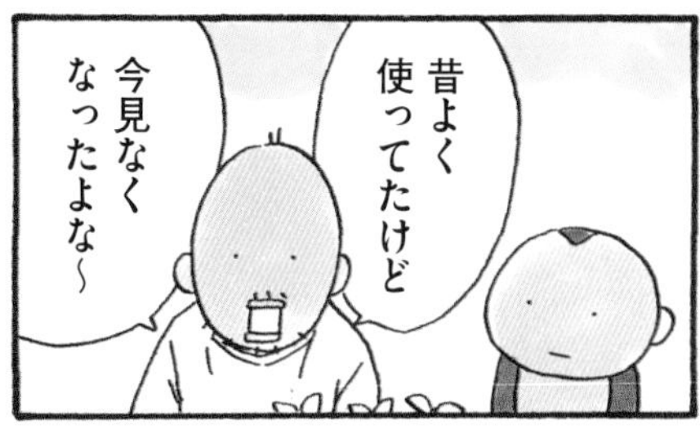

昔よく
使ってたけど
今見なく
なったよな〜

観葉植物にも
流行り廃りが
ありまして
例
ウンベラータ
昔は少なかったが
今は大人気
人気ないと
生産者も
減るよね

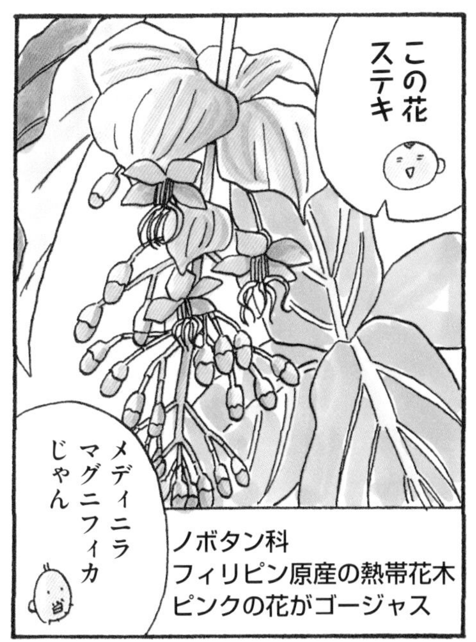
この花ステキ
メディニラマグニフィカじゃん
ノボタン科
フィリピン原産の熱帯花木
ピンクの花がゴージャス

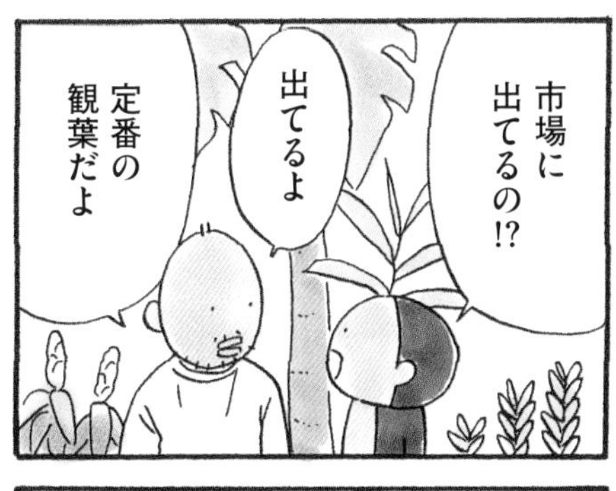
市場に出てるの!?
出てるよ
定番の観葉だよ

仕入れたことないじゃん
そういえばそだね
今度見とくよ

色んな植物があって楽しいけど

温室なので暑いです
飲み物持参してね

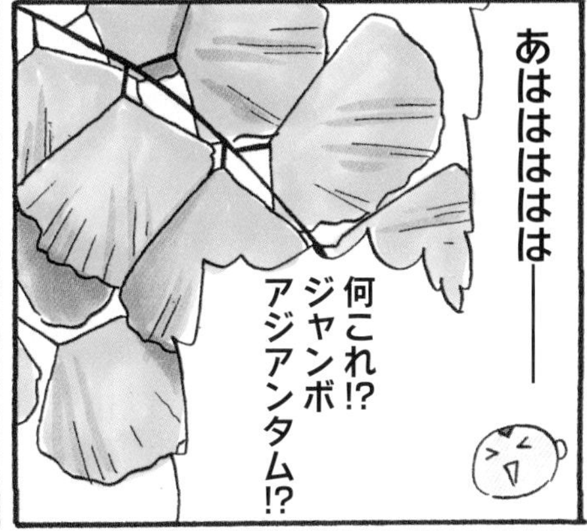
あははははーー
何これ!? ジャンボアジアンタム!?

ヒシカタホウライシダだって

アジアンタム
観葉シダの
代表選手
ヒシカタ
ホウライシダ
アジアンタムがミニチュアみたい

あの鉢懐かしい
植木屋で使ってたよ
クラシカルな柄ね

重い瀬戸鉢を腰に乗せて運んだものよ
髪あるね

タイワンハマオモト
気根萌
ぎゃー気根が!!
気根好きだよね

へんっキミは幹肌萌えじゃないか
トウカエデとか
いいじゃんか

皆さんも気根を堪能してね

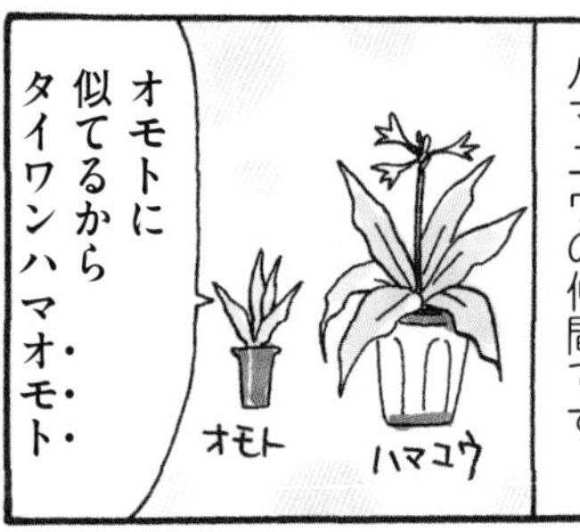
タイワンハマオモトはヒガンバナ科の多年草ハマユウの仲間です
オモトに似てるからタイワンハマオモト・・・
オモト
ハマユウ

ツンベルギア
マイソレンシス
わー
なんだこれ
面白い
花だな

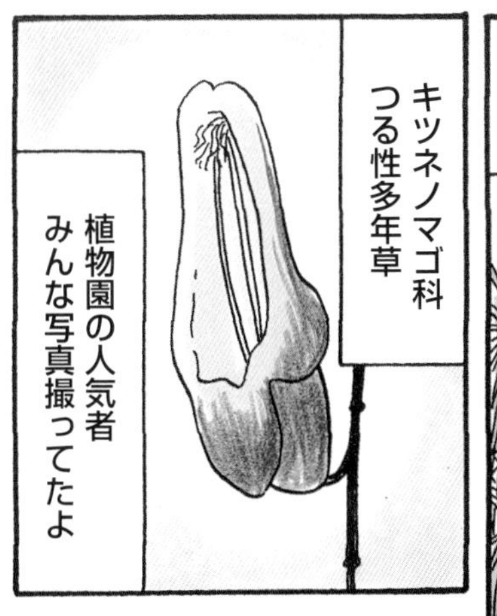
キツネノマゴ科
つる性多年草
植物園の人気者
みんな写真撮ってたよ

キツネノ
マゴ科って
さ～
くくく

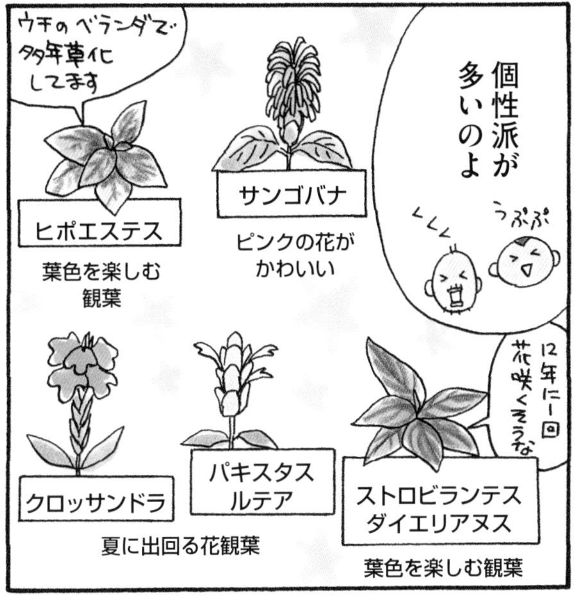
個性派が
多いのよ
うぷぷ
くくく
ウチのベランダで
多年草化
してます
ヒポエステス
葉色を楽しむ
観葉
サンゴバナ
ピンクの花が
かわいい
12年に1回
花咲くそうな
クロッサンドラ
パキスタス
ルテア
ストロビランテス
ダイエリアヌス
夏に出回る花観葉
葉色を楽しむ観葉

今回の宿題
身近な
キツネノマゴ科を
探してみよう

2階から
滝が見えます
モンステ*
でか

※モンステラ

見ろ
パキラに
実が
なってる!!

実がなってるなら
花は!?
あった

終わりかけ
だけど
あった
咲き始めはこんな

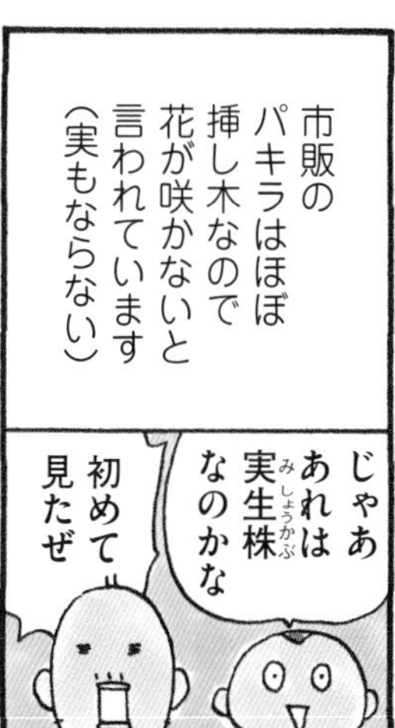
市販の
パキラはほぼ
挿し木なので
花が咲かないと
言われています
(実もならない)
じゃあ
あれは
実生株
なのかな
初めて
見たぜ

＊ 小石川植物園 ＊

今日は
小石川植物園
入口

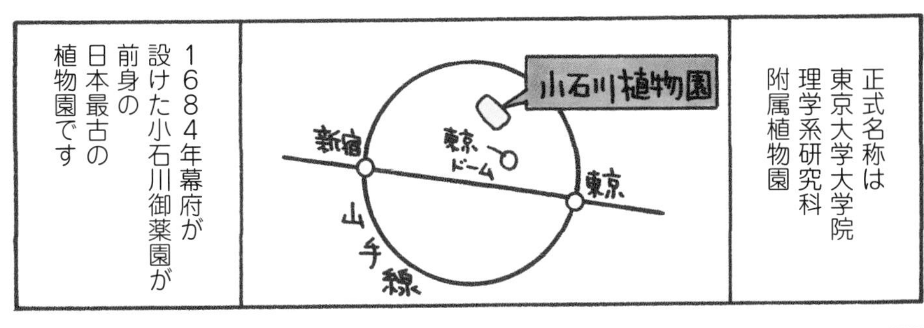
正式名称は
東京大学大学院
理学系研究科
附属植物園
小石川植物園
新宿
東京
ドーム
東京
山手線
1684年幕府が
設けた小石川御薬園が
前身の
日本最古の
植物園です

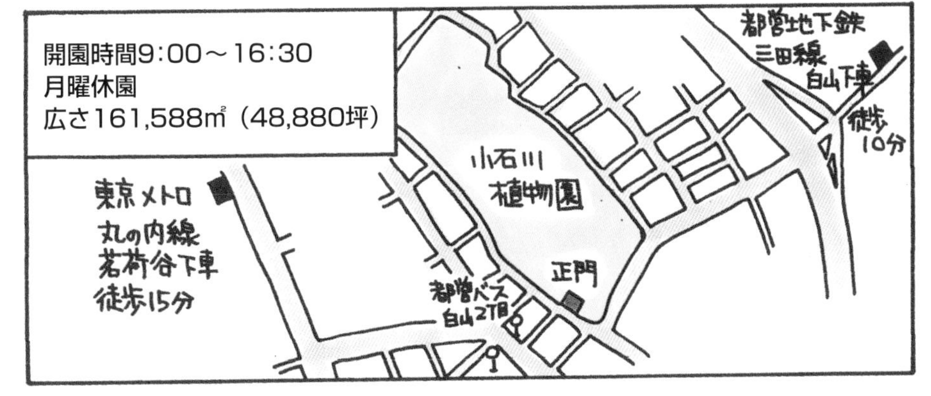
開園時間9:00～16:30
月曜休園
広さ161,588㎡（48,880坪）
都営地下鉄
三田線
白山下車
徒歩
10分
小石川
植物園
東京メトロ
丸の内線
茗荷谷下車
徒歩15分
正門
都営バス
白山2丁目

ここには
スゴイ木が
たくさんあるよ
精子発見の
イチョウ
1896年
平瀬作五郎が
イチョウの精子を発見

精子発見の
ソテツ
1896年
池野成一郎が
ソテツの精子を発見

?
イチョウの
精子って
どういう
こと?

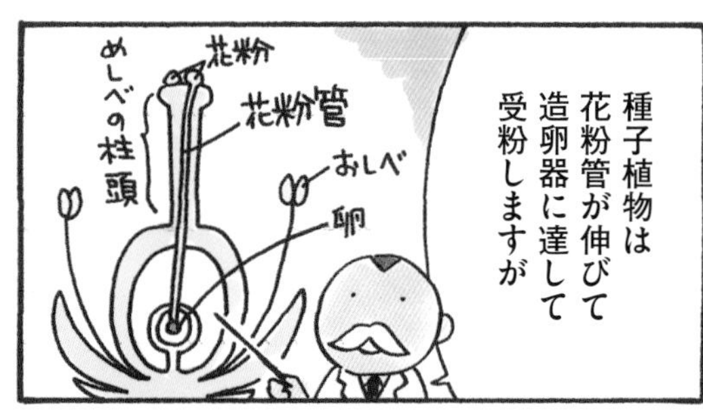
種子植物は
花粉管が伸びて
造卵器に達して
受粉しますが
花粉
めしべの柱頭
花粉管
おしべ
卵

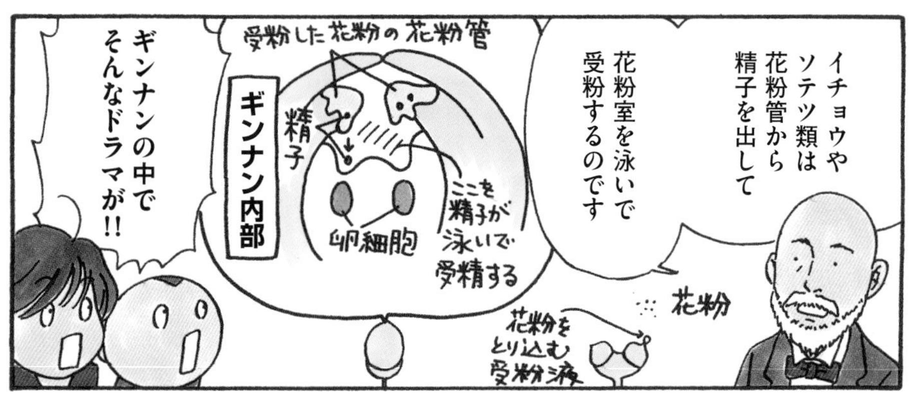
イチョウや
ソテツ類は
花粉管から
精子を出して
花粉室を泳いで
受粉するのです
花粉
花粉を
とり込む
受粉液
受粉した花粉の花粉管
ギンナン内部
精子
ここを
精子が
泳いで
受精する
卵細胞
ギンナンの中で
そんなドラマが!!

あっちに
メンデルの
ブドウと
ニュートンの
リンゴが
あるよ
はーい
メンデル（1822〜1884年）
オーストリア帝国生まれの
植物学者
メンデルの法則を発見

そんな
メンデル氏が
実験に
使った
ブドウの分株が
こちら
実が
なってる〜
1913年に
植えられました

ニュートン（1643年〜1727年）
イングランドの天才学者
ニュートン力学や微積分法を発見

そのニュートンが
「万有引力の法則」を
発見したリンゴの
接木がこちら
1964年に
寄贈されました

ニュートンさん
本当にいたのね
いたよ
にわかに
歴史にリアリティが
増しますね

さて
街路樹のプラタナス
（モミジバスズカケノキ）は
アメリカスズカケノキと
スズカケノキの雑種です

うわー
でっかい
こっちの
アメリカスズカケノキも
でっけー
明治9年に
導入された
日本で1番
古いやつだって
鈴懸

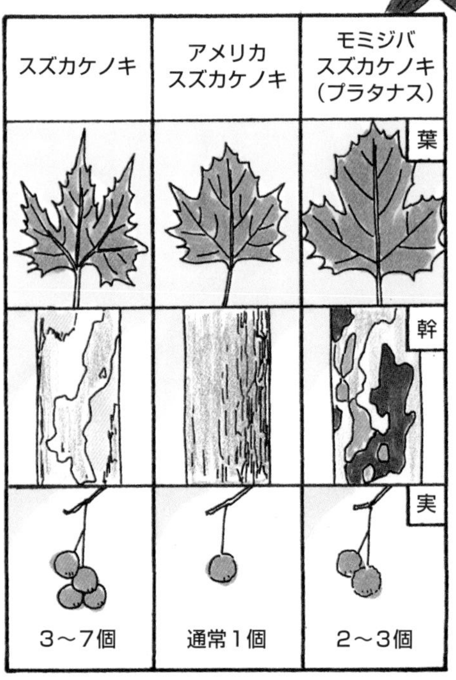
スズカケノキ
アメリカ
スズカケノキ
モミジバ
スズカケノキ
（プラタナス）
葉
幹
実
3～7個
通常1個
2～3個

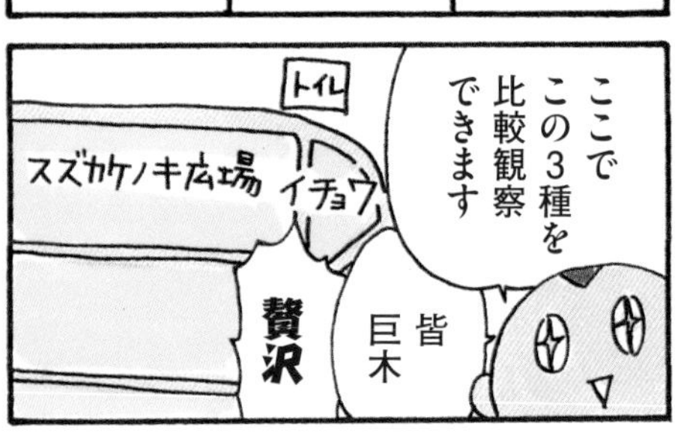
ここで
この3種を
比較観察
できます
皆
巨木
贅沢
トイレ
スズカケノキ広場
イチョウ

トキワマンサク（常磐満作）
マンサク科の常緑小高木
春に白い花が咲く
近年、生垣や庭木に
とっても人気があります

こんな株立ちのハナズオウ見たことないよ
ハナズオウ（花蘇芳）
マメ科の落葉低木
庭木、公園でよく見ます

近所の街路樹なんてヒョロヒョロよ
へー

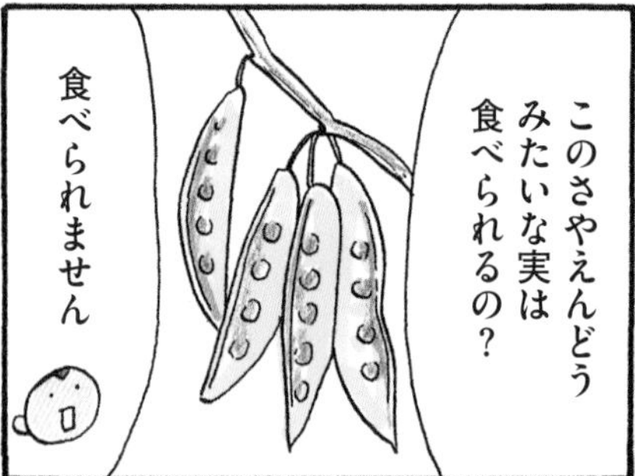
このさやえんどうみたいな実は食べられるの？
食べられません

こっちの長いのなんですか？ビヨーンと
キササゲかな？
ハナキササゲだって

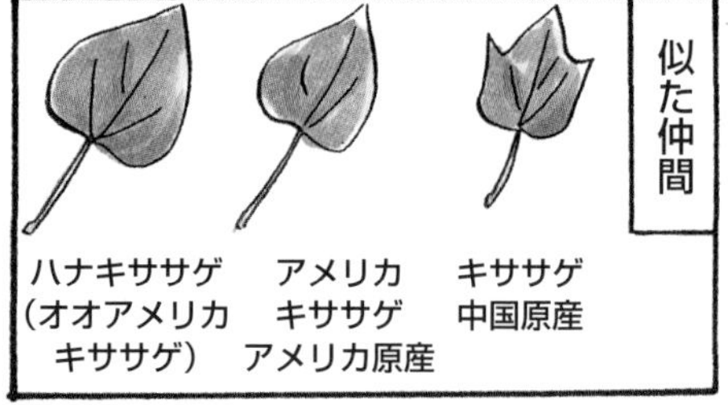
似た仲間
ハナキササゲ
（オオアメリカキササゲ）
アメリカキササゲ
アメリカ原産
キササゲ
中国原産

だからこんな大きいの見たことないのよ
ハナキササゲ
ノウゼンカズラ科
落葉樹ここまで
大きいのは稀

サネブトナツメ
うわっ 享保12年に 植えられた やつだって
徳川吉宗

ナツメといえば 中国の公園に 植わってて
おじさんたちが 実を採って ましたよ
へ〜〜〜〜〜
他にどんなの 植わってんの？

あと柳とか 多かったです
へー へー
外国の 街路樹も 見てみたいなー

あらクラシカルな 建物
旧東京医学校本館 重要文化財だそうです

さて本当に スゴイ公園 ですが

夏は虫よけ スプレー必須!!
長袖長ズボンなど 露出控えめに
かゆい

さてさて
今回は真夏に
行ったので
色々な若い実を
観察できました
まとめて
ご紹介

椿の実
ツバキ園が
あるので
早春に
行ってみたい

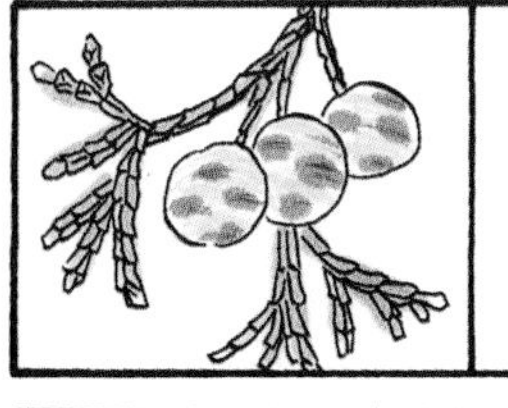
ヒノキの実

ハゼノキの実

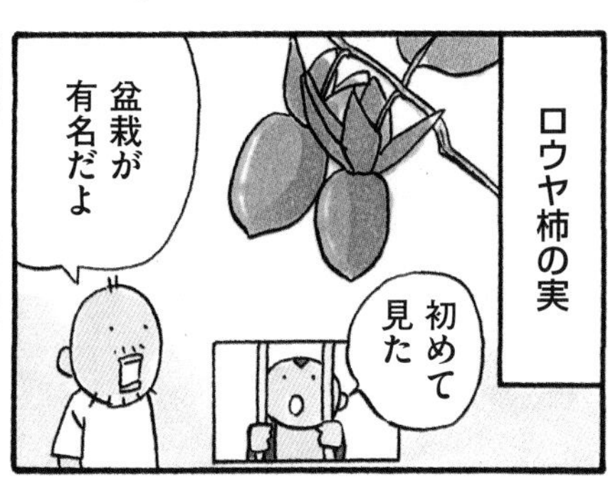
ロウヤ柿の実
初めて
見た
盆栽が
有名だよ

シラカシのドングリ
平べったいの
初めて見た
だんだん
ドングリっぽく
なるよ

1つ名前が
わからない草が
あったのですが
なんだろう?

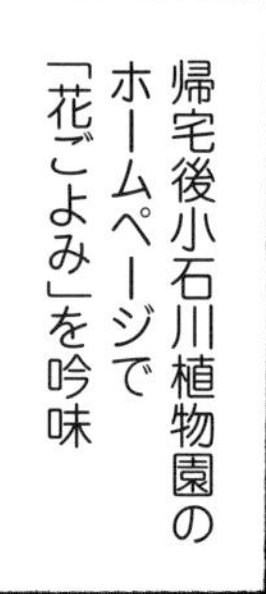
帰宅後小石川植物園の
ホームページで
「花ごよみ」を吟味

あった

ミズカンナ
でした
クズウコン科の
大型水性植物

＊等々力渓谷＊

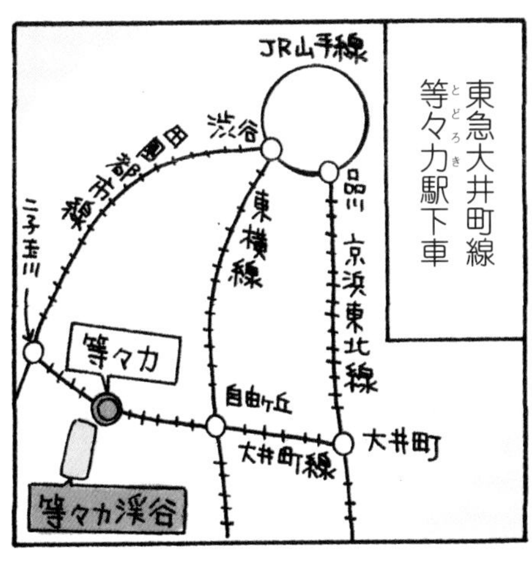
東急大井町線
等々力駅下車
JR山手線
渋谷
品川
田園都市線
二子玉川
東横線
京浜東北線
等々力
自由ケ丘
大井町線
大井町
等々力渓谷

大きなケヤキを
右に曲がると

あなたを
別世界に誘う
階段が!!
ここが
等々力渓谷の
入口です
初めて
来たよ
等々力渓谷入口

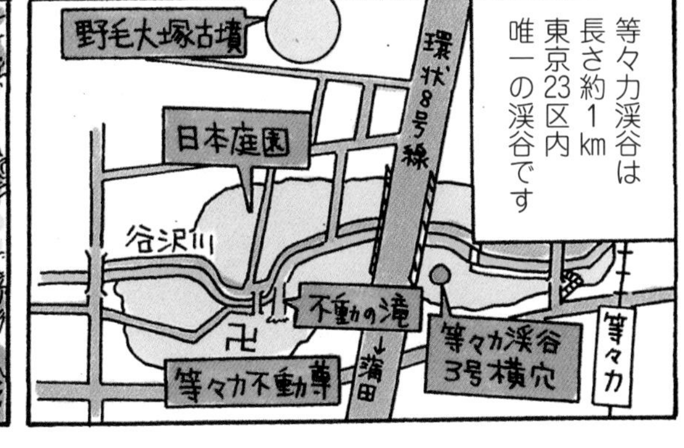
等々力渓谷は
長さ約1km
東京23区内
唯一の渓谷です
野毛大塚古墳
環状8号線
日本庭園
谷沢川
不動の滝
等々力不動尊
蒲田
等々力渓谷
3号横穴
等々力

階段を
下りると

あっという間に
別世界

思ったより
人がいるね
あっ

地層が
見える
都内とは
思えま
せんね
渓谷沿いには
地層断面が
よく観察できる所があるよ

なんかの実が
落ちてる
ハゼノキの
実だ
葉
ドングリも
いっぱい
落ちてる

3日前の
台風の爪痕が
そこここに

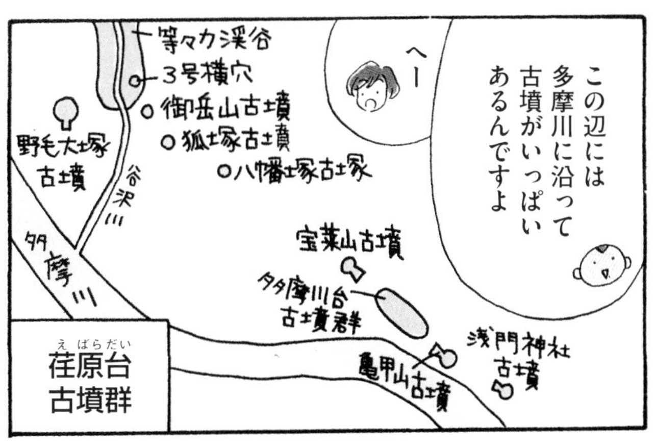
この辺には多摩川に沿って古墳がいっぱいあるんですよ
へー
荏原台古墳群
等々力渓谷
3号横穴
御岳山古墳
狐塚古墳
八幡塚古墳
野毛大塚古墳
谷沢川
多摩川
宝莱山古墳
多摩川台古墳群
浅間神社古墳
亀甲山古墳

まずは3号横穴へ

等々力渓谷3号横穴
古墳時代末期から奈良時代にかけて作られた横穴墓
昭和48年に発見され人骨や多くの埋葬品が出土しました

なんか悠久の〝圧〟が
偉い人のお墓だからね

中はこうなってるの
へー

あっちの野毛塚古墳も行くといいよ
はーい
渓谷内には湧水点がいっぱいあるよ

あそこから水湧いてる
このセキショウってどんな花？
セキショウ

セキショウ
サトイモ科の常緑多年草春に花が咲くよ
肉穂花序(にくすいかじょ)
水辺が好き

名前が似てる庭石菖(ニワゼキショウ)はアヤメ科でまったく別物です

そこの橋を渡ると等々力不動尊
あれ

橋が壊れてる
まさかの通行止め
ここにも台風の爪痕が
危険
迂回

先に日本庭園に行くことに

ハランに竹林がステキ
これなんすか?

万両(まんりょう)です
ヤブコウジ科の常緑低木冬に実が赤く色づく縁起物

見て見て

彼岸花
もうすぐ
咲くよ
花後
葉が出るよ

それにしても
ミカンが
いっぱい
好きな
人が
いたんすか
ね〜

茶室で
休憩
しましょ
あら

すごい
ザクロ
ザクロ!!
ザクロ
古木

ザクロは
血の味
罪の味
*高階良子(たかしなりょうこ)
先生の
『赤い沼』

ザクロ
いっぱい
なってるー
食べたい
な〜

*昭和の名作マンガ

こっちは
芝生の公園
なんだ
ここはもともと
公園じゃなくて

三菱地所の
会長の
渡辺さんの
お宅で
亡くなってから
世田谷区が
買い取ったんだよ

とっても広いですね
ここに母屋があったんだよ
なるほど

言われてみれば

立派な楠（くすのき）

こんな立派なクロガネモチ見たことないよ
楽しんでってね～
立派な邸宅だったんだね
はーい

あれはなんですか？
紫式部ですが

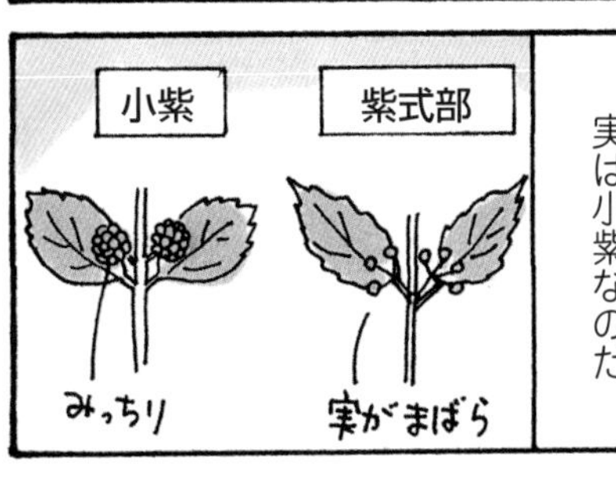
一般に紫式部で流通してるのは実は小紫なのだ
小紫
紫式部
みっちり
実がまばら

わーなんだこれ？
ムベです
アケビ
ムベ
アケビ科のつる性常緑樹
秋に熟す実は食べられます

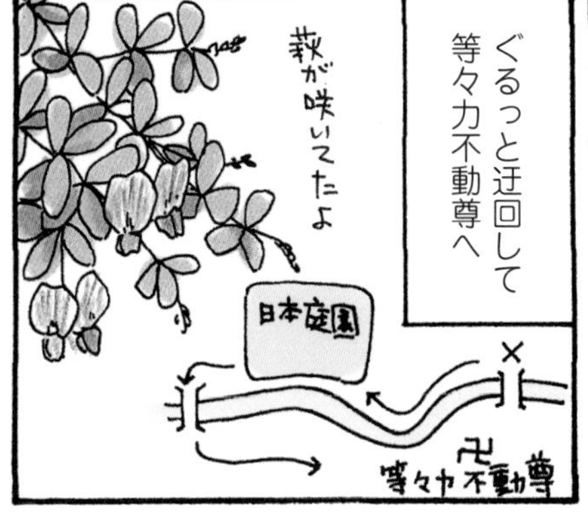
ぐるっと迂回して等々力不動尊へ
萩が咲いてたよ
日本庭園
等々力不動尊

等々力不動尊
平安時代末期
真言宗中興の祖
興教大師様が
開いた霊場です

うわっ立派な
イチョウ
うわっ
銀杏
鈴生り

境内一面に
ギンナンが
なんか
もったいない
誰も拾ってない

ここを
下りると
さっきの
不動の滝
です
はーい

はえ
チョロ
チョロ
こ、これが
不動の滝
そうだけど

どー
もしかして華厳の滝
みたいなの想像
してた?
いや、
そこまでじゃ
ないけども
↑栃木っ子

さて最後に
5分程歩いて
野毛大塚古墳へ

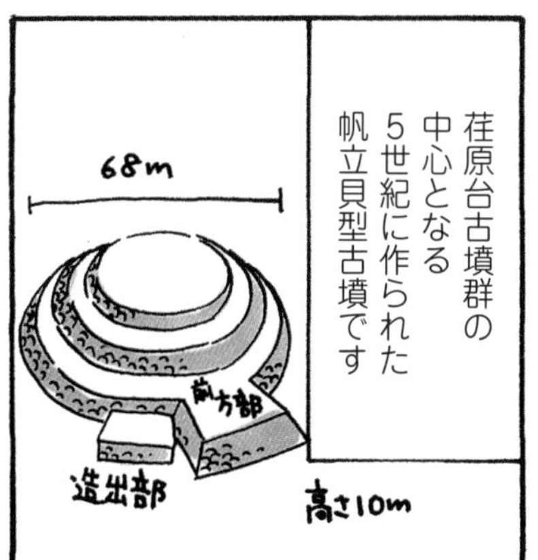
荏原台古墳群の
中心となる
5世紀に作られた
帆立貝型古墳です
68m
前方部
造出部
高さ10m

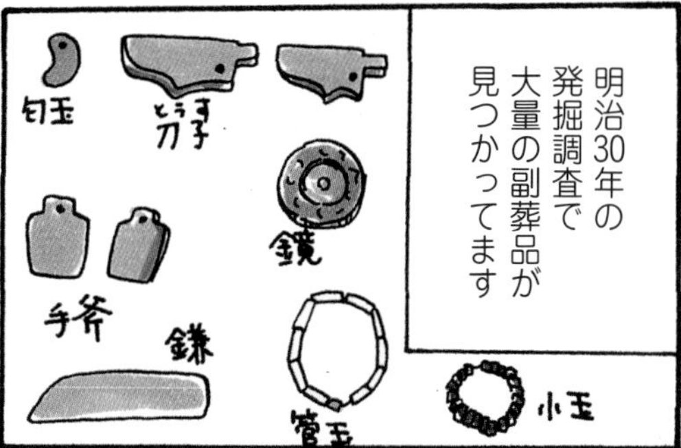
明治30年の
発掘調査で
大量の副葬品が
見つかってます
勾玉
刀子
鏡
手斧
鎌
管玉
小玉

ここって前に来た時も
思ったんですが
すごく
清々しいん
ですよ

ね
本当だ

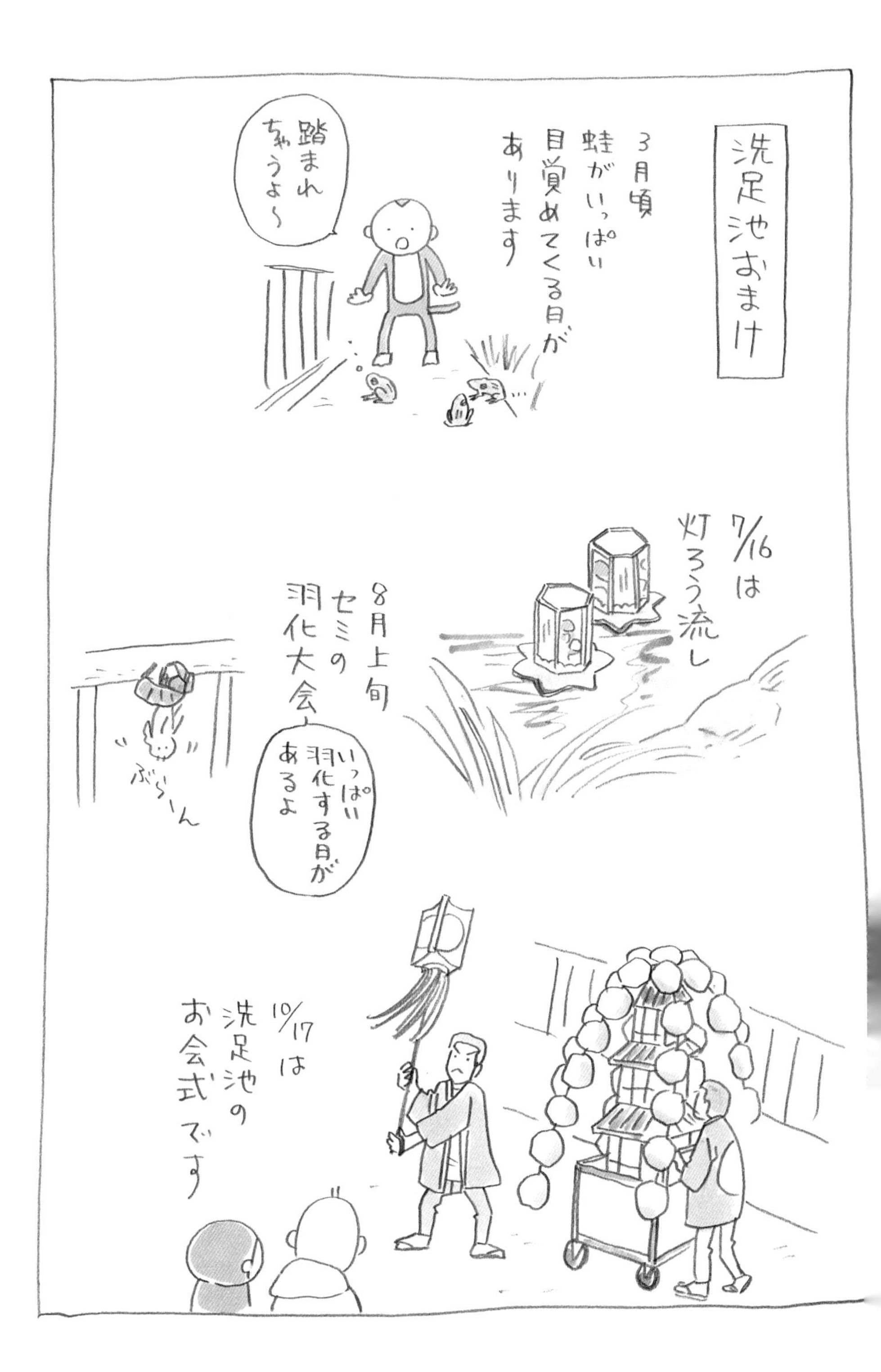

洗足池おまけ
3月頃
蛙がいっぱい
目覚めてくる日が
あります
踏まれちゃうよ～
7/16は
灯ろう流し
8月上旬
セミの
羽化大会
いっぱい
羽化する日が
あるよ
ぶら～ん
10/17は
洗足池の
お会式です

野毛塚古墳の出土品は世田谷郷土資料館に展示されています
代官屋敷が丸ごと保存されてます
この敷地内に郷土資料館があります
ザクロの古木
庭もステキよ
下高井戸
新宿
世田谷線
渋谷
上町
三軒茶屋
石棺のレプリカ
東急世田谷線
上町 下車
徒歩5分

＊神代植物公園［前編］＊

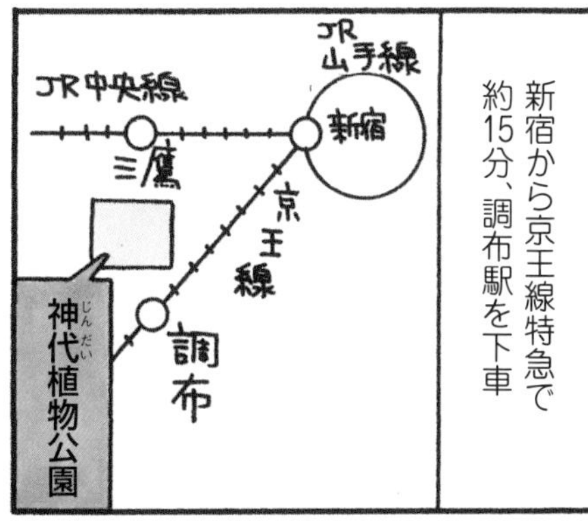

新宿から京王線特急で約15分、調布駅を下車
JR山手線
JR中央線
新宿
三鷹
京王線
調布
神代植物公園

バスで20分程で
深大寺

東京都神代植物公園です
大人1人500円
入口
入場券

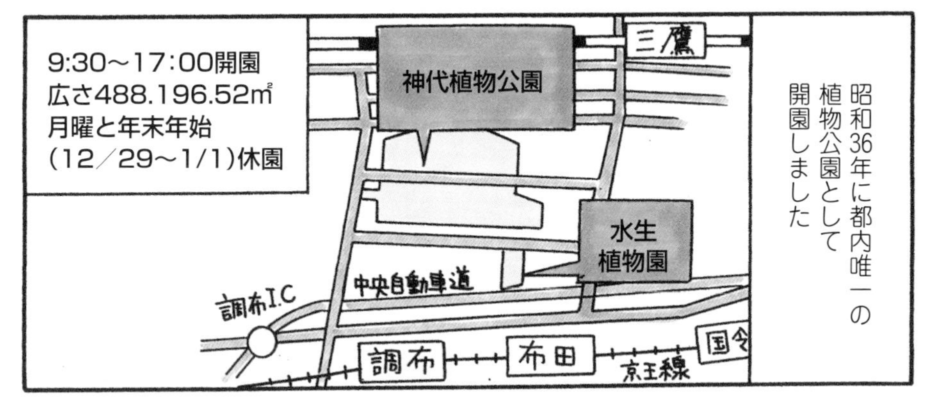

昭和36年に都内唯一の植物公園として開園しました
9:30～17:00開園
広さ488.196.52㎡
月曜と年末年始
(12／29～1/1)休園
三鷹
神代植物公園
水生植物園
中央自動車道
調布I.C
調布
布田
国令
京王線

山野草展
やってる
どれどれ

ハエマンサス
ヒガンバナ科
いきなり
変な花
熱帯
アフリカから
南アフリカ
原産の
球根植物
だって
いかにも
マニアうけ
しそう

ツメレンゲ
ベンケイソウ科
人気の
多肉植物です
石付けが
ステキ
花福でも
仕入れたこと
あるよ

イトススキと
ナンバンギセル
激シブ
萌え〜
↑細い葉っぱの
ススキ

ナンバンギセルはススキなど
イネ科に寄生する植物です
珍しいよ

面白いの
いっぱい
あるね
見たこと
ないの
ばっかり
山野草展は
毎年春と秋に
開催されてます

ツツジ園だ
春に
来たかった
なんと280品種
圧巻の12000株!!

ツツジとか
椿の品種品名って
和風の多いよね
八橋
常夏
藤戸
流星
緋の司

池だ
なんだ
アレ!!

パラグアイ
オニバス

キモ
コワ
キングさんの
小説に出てくる
クリーチャーか!!

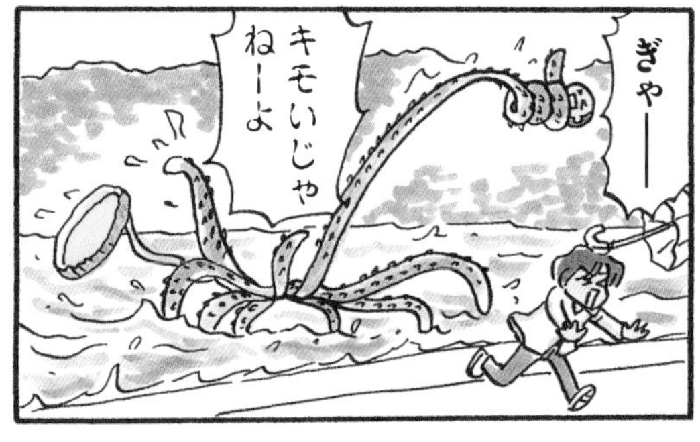
ぎゃーーー
キモいじゃ
ねーよ

怖かった
こっちにも池が

温帯性スイレン
あらキレイ
花期は春から秋
冬は葉が枯れて地下茎のみで越冬

ハスとスイレンってどう違うの？

ハス
ハス科
茎がある
スイレン
スイレン科
水面に浮かんで咲く

見て見てラクウショウの気根

新宿御苑とまた違った風情ね

ラクウショウは紅葉もキレイだよ
実ができてる
少し早かったね

続きまして大温室
なんと1300品種を有する公園の目玉です
残念
この日メンテナンスで入れず
また来よう

また、3日後から「秋のバラフェスタ」というタイミング
ちょっと早かったね
まだあんまり咲いてないね

私、春のバラフェスタに行ったんですよ
小林さんのスマホ
まあキレイ

10月下旬には「菊花大会」もあります
催事てんこもりの公園です

では深大寺へ行きますか

神代植物園
卍深大寺
水生植物園
お寺へはいったん公園から出ます

深大寺門

参道に
お土産屋さん
あるよ

滝だ

タカノハ
ススキだ

葉っぱに
ガラがあるの

お月見用に
よく仕入れるよ
ススキにも
品種が
あるのか
ほえー

山門

あら
モミジがほんのり
色づいてる
あっ

ムクロジ
ムクロジ科の落葉高木
社寺に多い
でかっ
本堂脇にあるよ

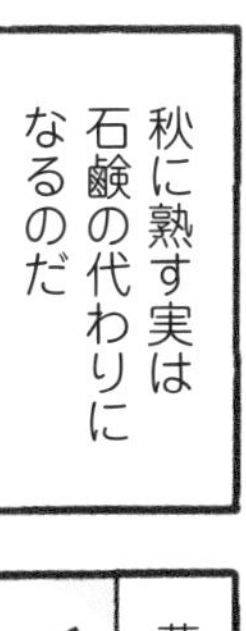
秋に熟す実は石鹸の代わりになるのだ

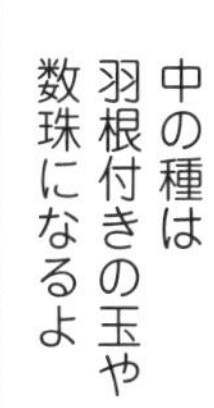
中の種は羽根付きの玉や数珠になるよ

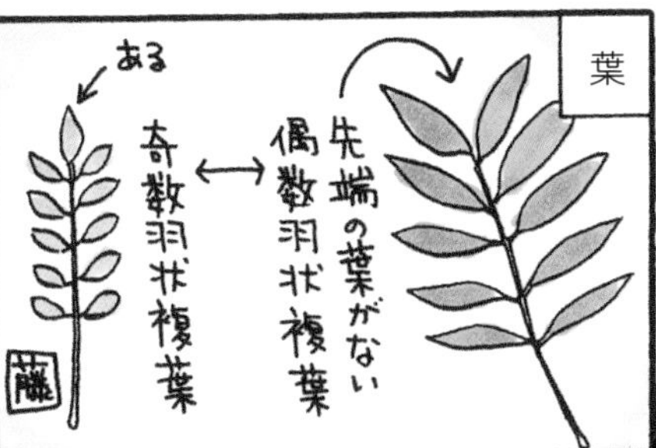
葉
先端の葉がない
偶数羽状複葉
↔
奇数羽状複葉
ある
藤

ムクロジは「無患子」と書いて子が患わ(わずら)無いという意味なんじゃ
ほー
ほー
ほー

なんじゃもんじゃの木
モクセイ科の落葉樹
別名ヒトツバタゴ
こちらも深大寺名物よ

春に咲く花がとっても美しい
花アップ
ゴールデンウィークが見頃です

花がシマトネリコ似と思ったら仲間か!!
トネリコの花

ナンジャモンジャ
ヒトツバタゴ
シマトネリコ

あら花水木も色づいてる
あれって食べられるの？
うまくないよ

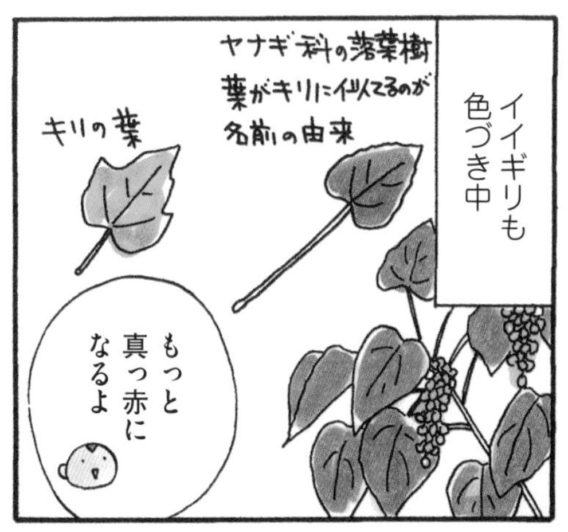
イイギリも色づき中
ヤナギ科の落葉樹
葉がキリに似てるのが
名前の由来
キリの葉
もっと真っ赤になるよ

元三大師堂
慈恵大師像を安置しているお堂です

ここにある角大師像がとっても不思議なお姿なのよ
元三大師

*良源が鬼に化し疫病を追い払った時の石像バージョンのようです

＊慈恵大師のこと

＊神代植物公園［後編］＊

深大寺見学後
水生植物園へ

神代
植物公園
卍
深大寺
水生植物園
水辺の草花
てんこ盛りで
見応えアリ
花ショウブ
カキツバタ
などなど

そぼ降る雨の
蕭条たる風景

前日の台風で
立ち入り禁止区域が
多くて
不完全燃焼
だったので

1カ月後
店長と
再訪しました
11月上旬です
菊花大会
やってたよ

5号鉢に
高さ40cm以上で
大きな花が1本に
1輪咲くように
仕立てたもの

だるま作り

7号鉢に
高さ60cm
以下で作る
3本仕立て

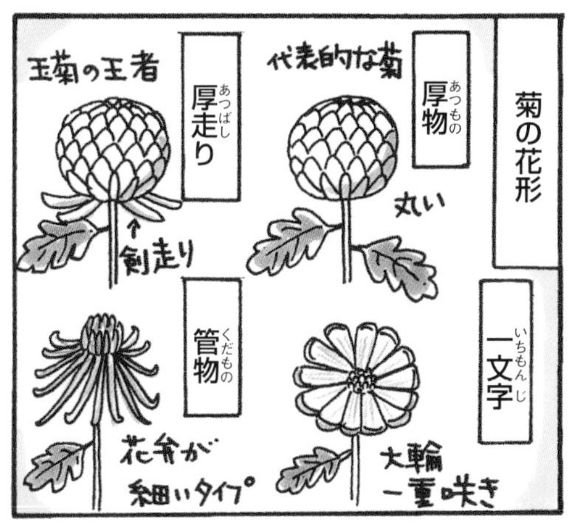

盆養(ぼんよう)

基本の仕立て

3本に枝分かれさせて仕立てる

天
地
人

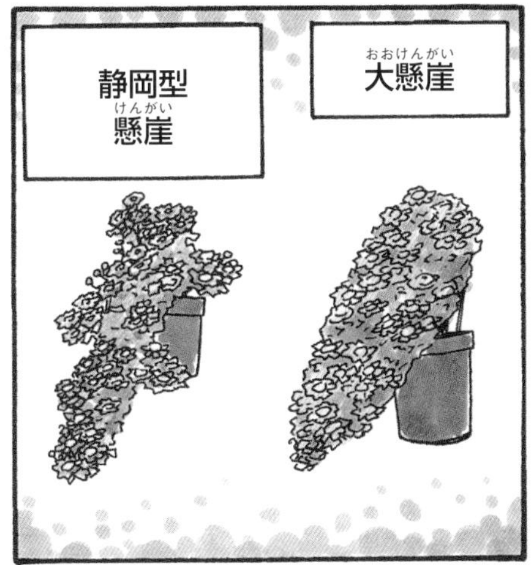

＊犬神家の下男

菊人形はなかったです

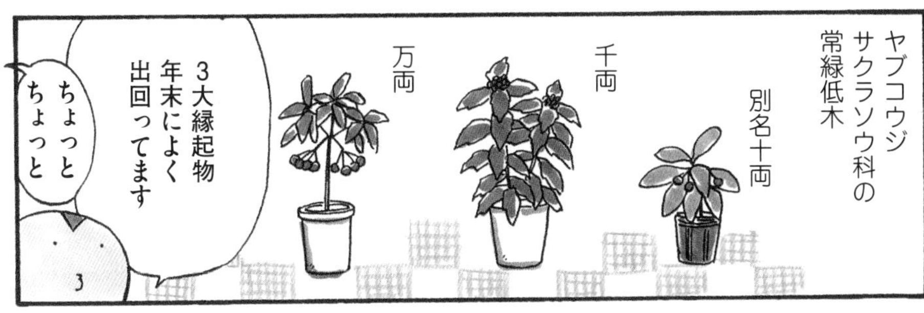

※成長が遅いので
大きくなるのに
時間がかかる

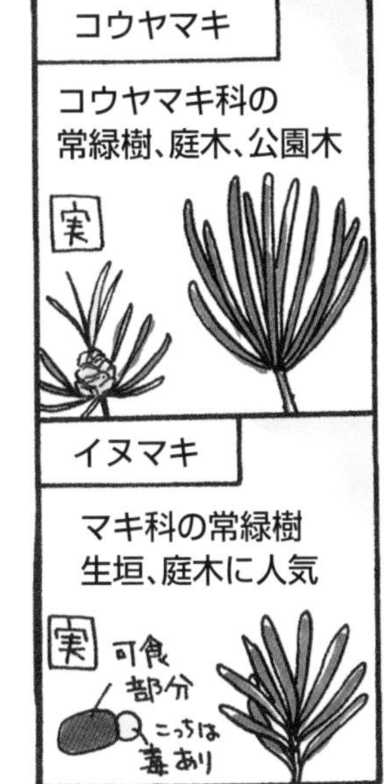

うわっ
でかいストロベリーツリー
実がいっぱいなってるぜ

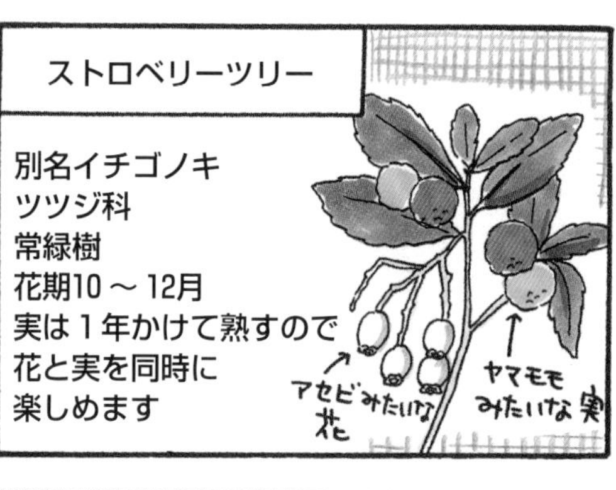
ストロベリーツリー
別名イチゴノキ
ツツジ科
常緑樹
花期10～12月
実は１年かけて熟すので
花と実を同時に
楽しめます
ヤマモモみたいな実
アセビみたいな花

以前仕入れたサイズ

こんなでっかいの初めて見た
ね――

そしてさらに
フハッ

すげえ

こんな株立ちのニンジンボク見たことねえ

ニンジンボク
シソ科
落葉低木
セイヨウニンジンボク
こちらは普通に出回ってますがニンジンボクはあまり見ないのよ

花が見たかったぜ!!
ちっ
また来ようね

あれ？
ここにも
ニュートンの
リンゴがある

平成22年に
小石川植物園から
寄贈されたそうです

シダレエンジュ
だって
エンジュに
枝垂れが
あるのか
面白い
枝ぶりだね

花福周辺の
街路樹は
エンジュなのだ
エンジュの実
SOUL Food
花福

さりげなく
見たことない
木が植わってる
これ何？
オレも
わかんねえ
ルスカスに
似てるけど
トゲがある

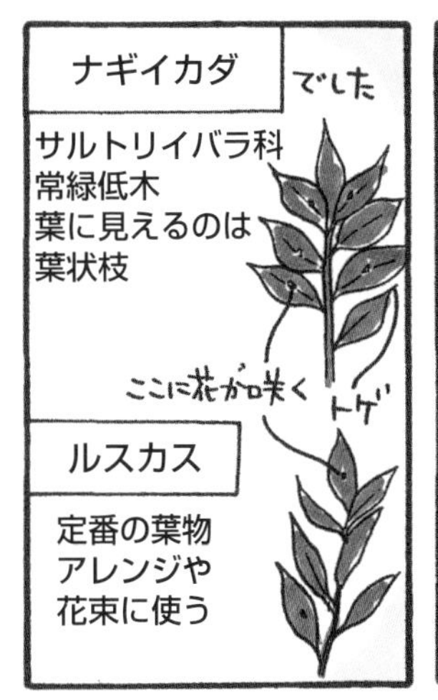
ナギイカダ
でした
サルトリイバラ科
常緑低木
葉に見えるのは
葉状枝
ここに花が咲く
トゲ
ルスカス
定番の葉物
アレンジや
花束に使う

桜が咲いてる

小福桜（こぶくざくら）
八重咲きで
3月～4月と
10月～2月に
咲く桜

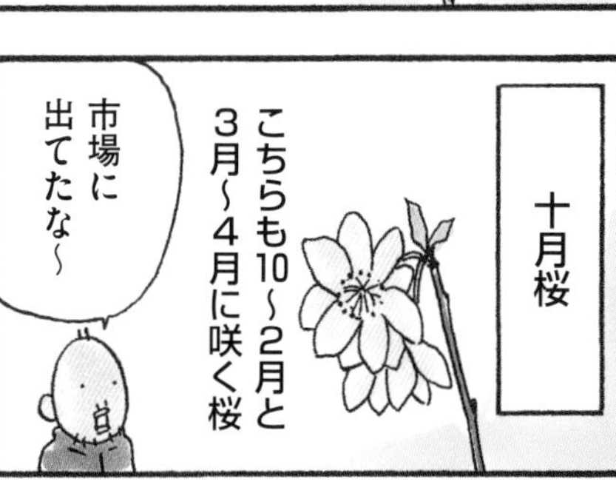
十月桜
こちらも10～2月と
3月～4月に咲く桜
市場に
出てたな～

まだ
ほんの
ちょっとしか
歩いてないのに
すげーな
この公園
珍しいの
いっぱい
あるね
4800種
10万本の樹木が
あるそうです
これは相当
通わないとね!!

よしっ
また来るぞ
オーーッ

神代植物園
水生植物園の
田んぼに
シュールなカカシが
いっぱいいました
ちょっと
怖いかも
神代寺門前の
鬼太郎茶屋
台風の後で普請中でした
鬼太郎茶屋

赤、白、絞りと3色の花が咲く咲き分けタイプ
オレの好きな源平枝垂れ桃
でかい
店で売ってるサイズ
神代植物園は珍しい植物がいっぱい
こんな花
ショーゲキ
去年仕入れて全然人気なかったムレスズメが
でっかい
ムレスズメ
仕入れたのこれくらいのサイズ

＊ 昭和記念公園［前編］＊

今回はハワイから帰省中の妹みけこと
店長も参加です
みけこですハワイのヒロでテイクアウトのお寿司屋とライターやってます
ども
立川駅
北改札

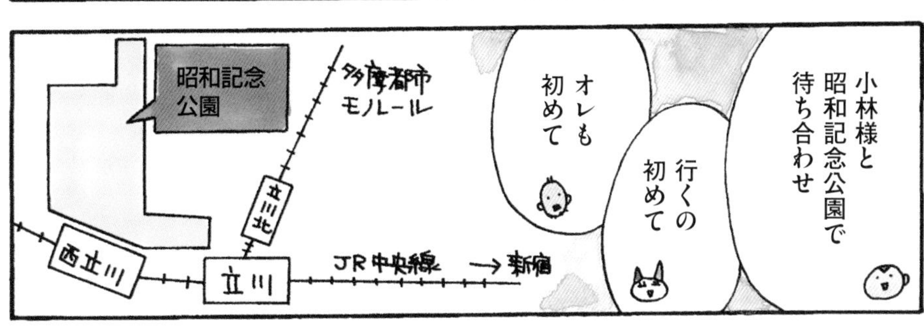

小林様と昭和記念公園で待ち合わせ
行くの初めて
オレも初めて
昭和記念公園
多摩都市モノレール
立川北
西立川
立川
JR中央線 → 新宿

昭和記念公園は昭和天皇御在位50年を記念して1983年に開園した国立公園です
広過ぎて全部は見れないのでこのへん行ってみよう
広さ180ha（ヘクタール）と東京都内で一番大きい公園です
みんなの原っぱ
池
あけぼの口

あ、小林様
いた
おーい

イースト・プレスの
小林様です
はじめまして
小林です
似てる!!
似顔絵と
似てる!!

さすが
双子
似てますね
そうですか
メイク
前と後って
言われます
↑メイク前
↑メイク後

では皆さん
入場口へ
行きましょう
え?
ここじゃ
ないの?

入り口から
入場口まで
5分歩きます
入るだけで
5分!!
この公園
広いんですよ

あれが
入場口?
いえ、あれは
昭和天皇
記念館です
もっと
先です

Gメン75か!!

見えた
あそこが
入場口です
遠
紅葉だ

ハワイ
紅葉ない
ですよね
落葉樹
ないから
だいぶ景色が
違いますよ

ドウダン
ツツジが
紅葉してる
久しぶりに
見た
ちょうど
良かったね

やっと着いた
ここまでで
ひと公園分
あるよ

入ってすぐの
イチョウ並木で
たくさんの人々が
写真撮ってました

なんかで
見たこと
ある風景
有名スポット
なんですよ
紅葉
ちょい早
でしたね

ポ
ポ

電車だ
園内広いので
周遊できる
パークトレインが
走ってます
サイクリング
ロードも
あるよ

何これ
すごい幹
つるつる

サルスベリだよ
落葉すると幹肌が目立つよね
写真撮ろう

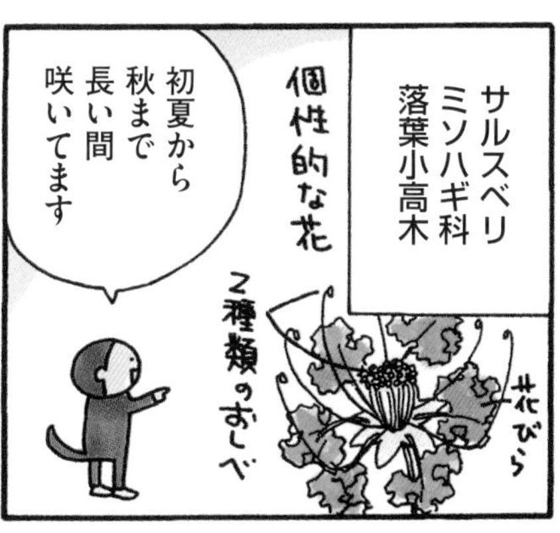
サルスベリ
ミソハギ科
落葉小高木
個性的な花
初夏から秋まで長い間咲いてます
2種類のおしべ
花びら

店長の好きな株立ちだ
すげえな

うわー大きいケヤキ
この公園大きい木が多いっすね
きれいな樹影

みんな
見て見て

ヒマラヤスギの
松ぼっくり

かわいー
でっかい
ヒマラヤ杉
松

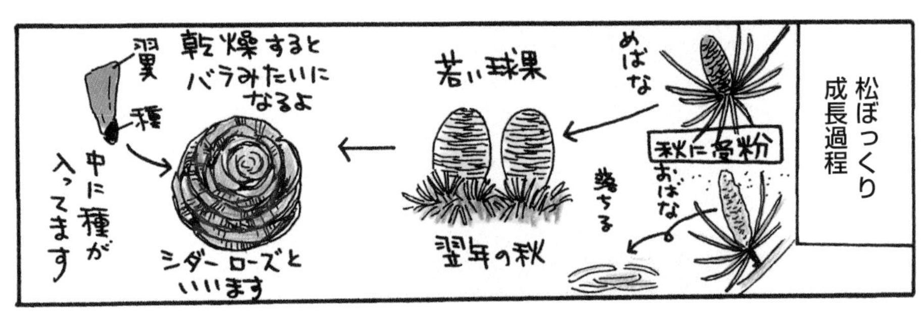
松ぼっくり
成長過程
めばな
秋に受粉
おばな
落ちる
若い球果
翌年の秋
乾燥すると
バラみたいに
なるよ
シダーローズと
いいます
翼
種
中に種が
入ってます

楠の実も
なってるよ

私は
子供の頃…
食べたら*
激マズ
でした

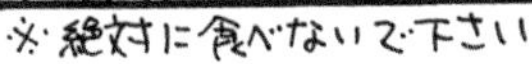
※絶対に食べないで下さい

近所で
山栗を
拾って
パキ

生で
食べ過ぎて

よくお腹
壊して
ました

やっと池に
着きました
池っちゅうか
湖?
ボート
乗りたい
あっ

日本の
出店(でみせ)!!
TSUboyaKi
甘酒
つぼ焼
つぼ焼

COFFEE
コーヒー 250円
甘酒
甘酒 300円
梅茶 とうがらし
とう
コーンポ
やきそば 味自慢
やきそば 500円
たこ焼き
たこ焼き 500円
FRENCH FRIED POT
フライドポテト S 300円 L 500円
ソフトク
壺焼き芋
壺焼き芋 500～1,000円
芋クリーム 500円
芋ジェラート 700円
芋けん
ハワイと全然違う
ハワイってどんなん？
シェイブアイスとか
生のココナッツジュース
ホットドック ハンバーガー スパムムスビ
あと サイミン
ハワイB級ストリートフーズ
サイミンって何？

サイミンはハワイ生まれのエビ出汁（だし）ラーメン
ハワイでしか食べられないよ
せっかくだから何か食べたら
甘酒ハワイにないじゃん
この店芋オシですね
決まんないよ——

＊昭和記念公園［後編］＊

↖足はオレンジ色

＊西洋ススキ、日本名:シロガネヨシ

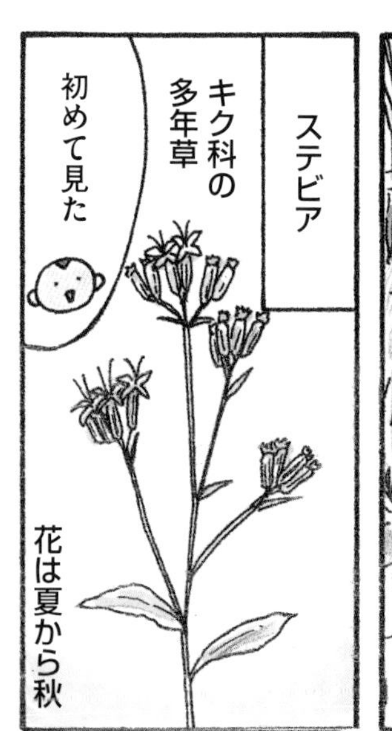

こっこれは
ニホンハッカ

以前 花福で
花福

この草
何?
うちの庭に
はびこってるの
ミントの
匂いがする

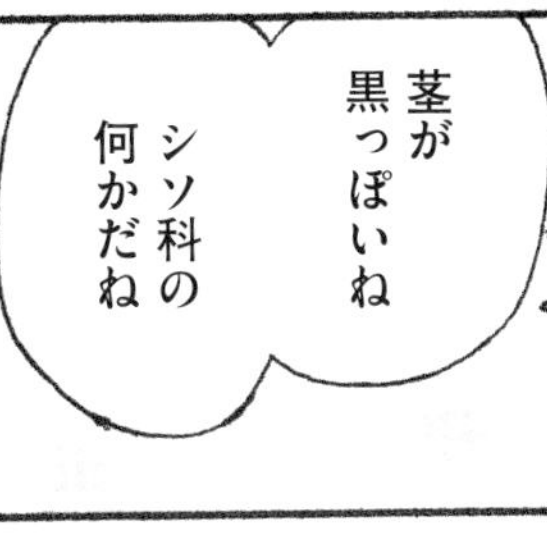
香りはミント
だけど葉っぱが
違うな
茎が
黒っぽいね
シソ科の
何かだね

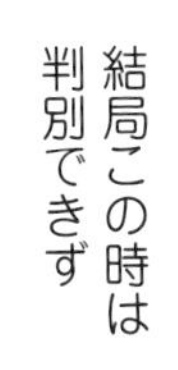
結局この時は
判別できず

あいつだ
そうか
ニホンハッカ
だったんだ
なんか
スッキリ

スッキリしたので
先に進みます

うわっ
さっきより
インパクト大
シマサルスベリ
だって

モチノキの実がなってる

サルスベリ
庭木、公園樹によく見かける
両方ミソハギ科サルスベリ属
シマサルスベリ
サルスベリより葉が大きい
互生と対生が交じるコクサギ型葉序
赤、白、ピンクと色々あり
花は白のみサルスベリより小さい

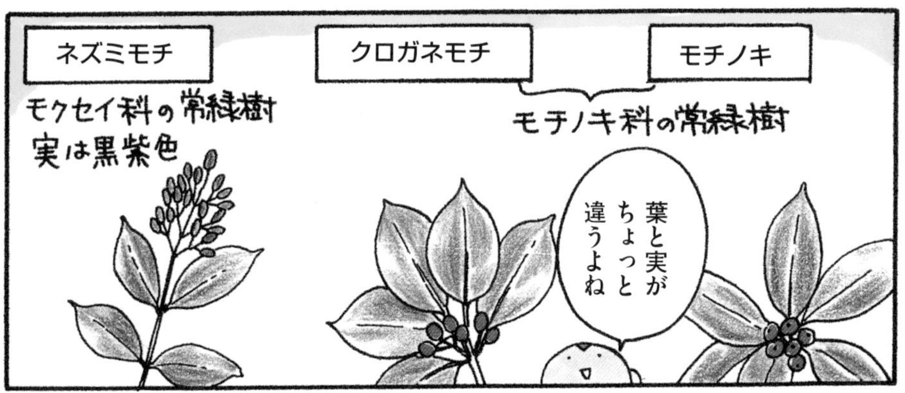

ネズミモチ
モクセイ科の常緑樹
実は黒紫色
クロガネモチ
モチノキ
モチノキ科の常緑樹
葉と実がちょっと違うよね

あれ
ここはどこ？

道に迷ったみたいです
あっち行ってみよう

リュリュ

リュリー
リュリー

ガビチョウだ
ピュルルルルルルル
白いアイラインが特徴
スズメ目　チメドリ科
中国南部から
東南アジアに生息。
日本にはペットとして
輸入され、野生化した
ものが増加中。

大きく美しい声で
さえずるから
すぐわかるよ
茂みにいる率
高し
最近よく
見ます

はえ？
皆は？

待って〜〜〜

あら

ダリアー

ダリアは
キレイなんだけど
切り花は
日持ちがイマイチ
なのよ

植わってるのは
強そうだね
なー
弱々しく
ないよな
見て
見て

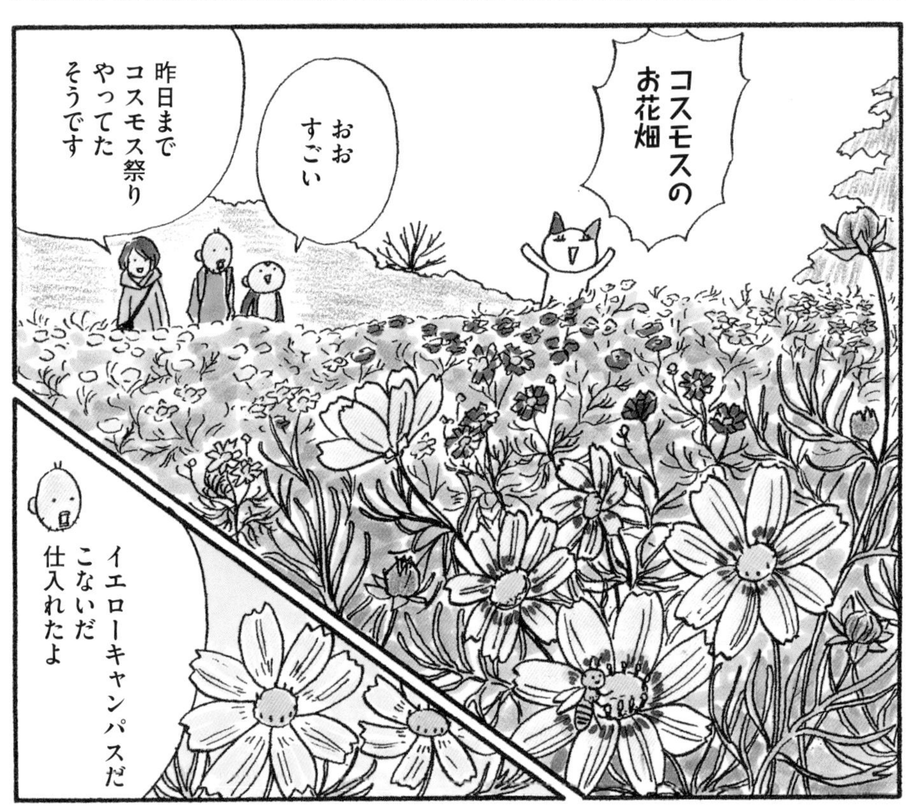
コスモスの
お花畑
おお
すごい
昨日まで
コスモス祭り
やってた
そうです
イエローキャンパスだ
こないだ
仕入れたよ

原っぱの中心の大ケヤキ
とっても美しく紅葉してました
みんなの原っぱ
なんと東京ドーム２個分の広場
真ん中の大ケヤキは20m以上。

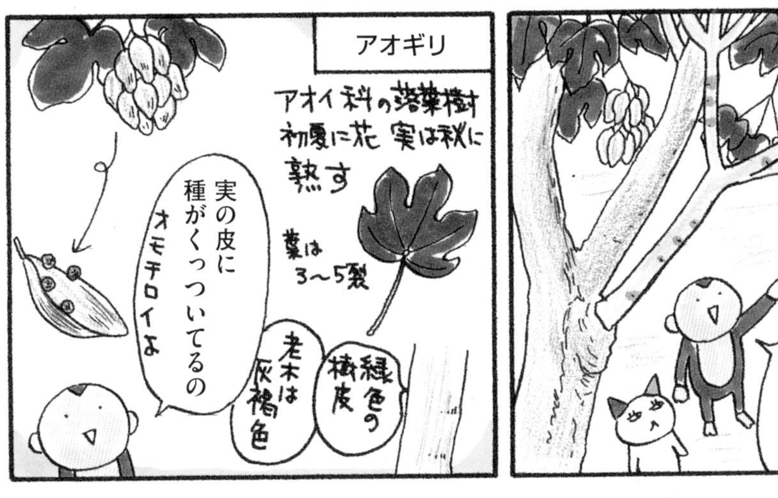
アオギリの実
アオギリ
アオイ科の落葉樹
初夏に花 実は秋に熟す
葉は3～5裂
緑色の樹皮
老木は灰褐色
実の皮に種がくっついてるのオモチロイよ

いっぱい落ちてるな
植えてみる？

みけこさん ケバブ屋ありますよ
ケバブ
トルコアイス

ハワイに
ケバブ屋さん
ありますか？
ないです
ハワイって
*ミドルイーストの人
少ないんですよ

あと15分で
閉園です
当園は
広いので
早めに
移動しましょう

＊中東

こっから出口まで
20分以上
ありますよ
間に合わ
ねーじゃん
急ぎましょう
ケバブ

間に合わないと
どうなるの？
公園警察に
つかまる!?
とにかく
急ぎましょう！

＊京王百草園＊

百草園とは享保年間（1716年～）に
小田原城主大久保候の室
寿昌院慈岳元長尼が
松連寺を再建し

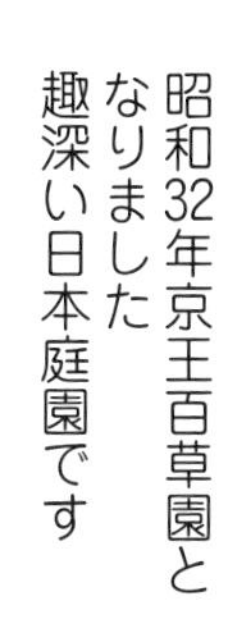

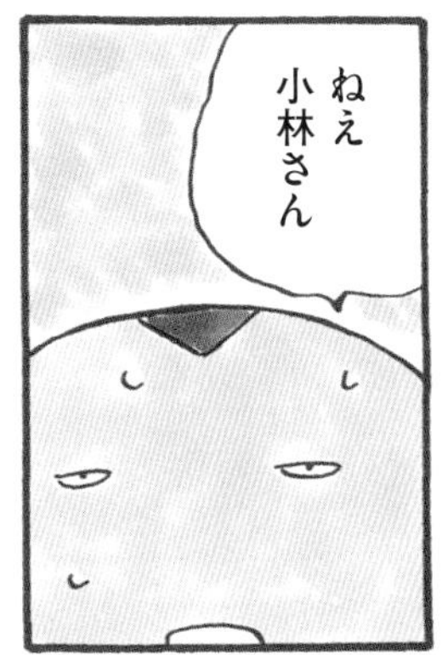

※11月、12月は16:30まで。 梅まつりは２月２日～３月10日まで

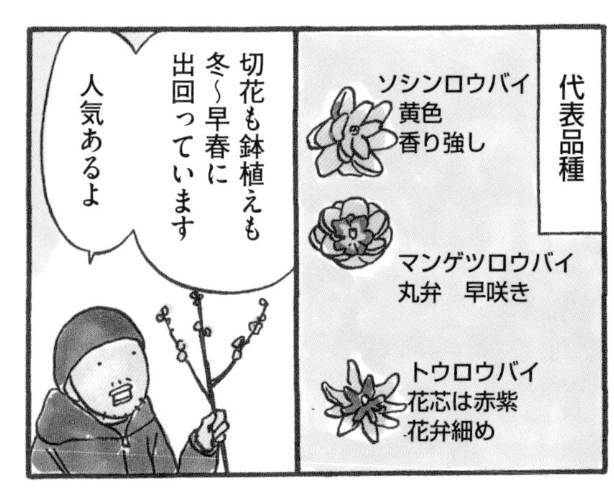

水仙もキレイ

梅、ロウバイ、水仙、山茶花は雪中四友と言って画題に好まれます

早春に香りのいい花が多いのは虫を呼ぶためのアピールなのだ
カモン

梅も咲いてるね

うわっ

すんごい梅がある
寿昌梅
※寿昌院が家康の長男信康の追悼のために植樹したと伝えられている梅

※81P参照

じゃあ
400年前の
梅!?
とくと
ご覧あれ

あら足元に
クリスマスローズ

こっちに
福寿草
かわいい

梅の端に
茅葺きの
松連庵
寿昌梅
茶室はレンタルスペースとして
利用可、要予約

縁側で
休憩
できますよ
じゃあ少し
寄りましょう

立派な
モチノキ
いいね
アセビ
南天
万両
千両

俳句
でも
読めれば
ね～
文人墨客に
愛された
百草園には
句碑や歌碑も
あります
芭蕉句碑
春もやや
希し紀謂ふ
月と梅
志ばらくは
草の上なる
月夜かな
牧水歌碑

マンサクも
咲いてる

マンサク
マンサク科の落葉樹
春に独特な形の花を
咲かせる

なんだ
これ？

スダジイに
何か
生えてる
マメヅタ
だって

池もあるよ
和み
ますな

次は見晴台へ
行きましょう
あ

ここにも
マメヅタ

ウラボシ科マメヅタ属の
シダ植物。葉は丸い
栄養葉と細長い胞子葉が
ある
葉が多肉
みたいに肉厚

ほえ～
でっかい
スダジイ

こっちも

おお
いい眺め
新宿ビル群
東
晴れの日の眺望
スカイツリー
杉並
清掃工場

お隣に神社があるので
行ってみましょう

玉牡丹※の盆栽
カッコイイ!!
玉牡丹

※定番品種

写真撮ろう
こざるさん

これ見てください

フォトプロップス？
これこれ
フォトプロップス
ご自由にどうぞ
梅まつり

わかってらっしゃる
ねこ園長
やっほ～！ぼく、ねこ園長だよ～
今、京王百草園で、梅まつりやってるよ～
おともだち
えっ…、あのスゴイ坂を登ったところでしょ？
行くのツラくない!?
ねこ園長
確かにねえ（苦笑）でも、こんなにキレイだよ～

やっぱりみんなこの坂キツイのね
お年寄りは大変だよね

ブー

タクシー
なるほど!!

駐車場はありません

百草園の隣の
百草八幡宮へ
百草八幡宮
百草園
ドリフ坂
すぐ隣です
百草園
新宿

八幡様の創建が
いつだかわかりませんが
狛犬に「天平*」
の文字があるので
かなり古いようです

※729～749年

ご神木
スダジイだ
でっかい

さっきから
やけに大きい
スダジイが
あるね

百草のシイノキ群は
市指定天然記念物だって
神社内には
樹齢300年～
400年の
巨木も含め
数十株あります

多摩丘陵中
他に類を見ない
常緑樹林を
形成してるって
確かに
見たこと
なかったよ

梅ちょっと
早かったですが
大満足でした
下り
ラク～

昭和記念公園 おまけ
背景にリアルみけことリアルこざるを描いたけど
誰も気付いてくれませんでした
探してみてね
ものすごく大きなパンパスグラスがありました
でか
花福で仕入れたサイズ

バードサンクチュアリ
野鳥観察コーナーもありました
ゆっくり見たかったよ〜
日本庭園
日本庭園や盆栽苑も見たかったよ〜
また行こうぜ〜
盆栽苑

＊東京港野鳥公園［前編］＊

今回は東京港野鳥公園

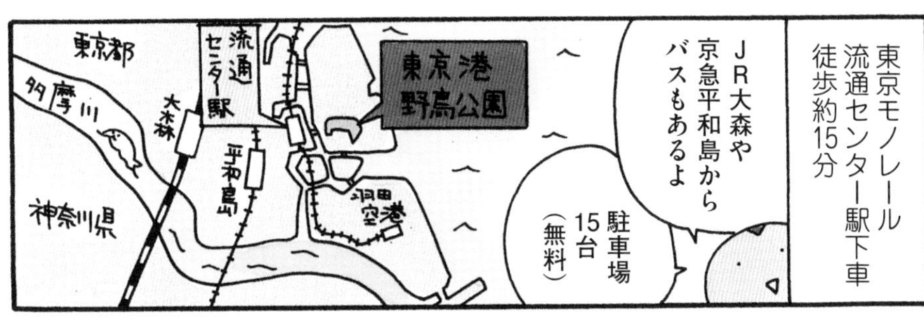
東京モノレール流通センター駅下車徒歩約15分
JR大森や京急平和島からバスもあるよ
駐車場15台（無料）
東京港野鳥公園
東京都
多摩川
神奈川県
流通センター駅
大森
平和島
羽田空港

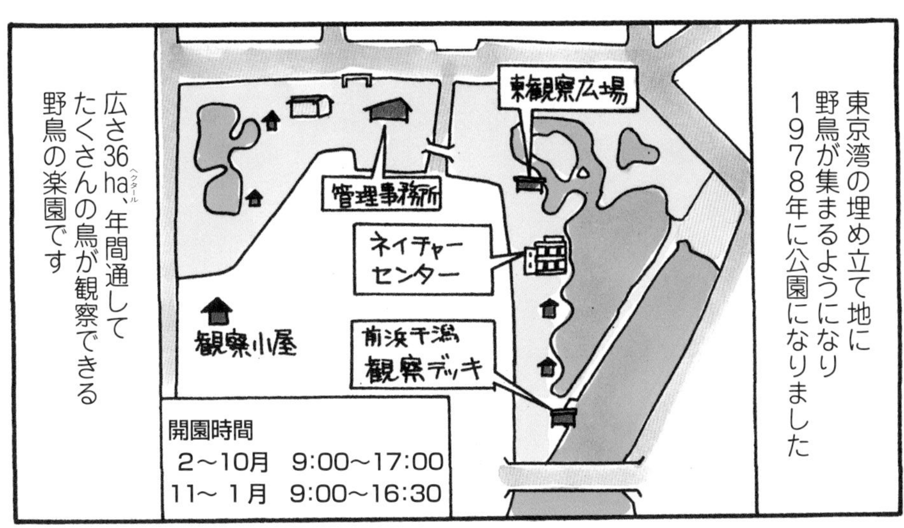
東京湾の埋め立て地に野鳥が集まるようになり1978年に公園になりました
東観察広場
管理事務所
ネイチャーセンター
観察小屋
前浜干潟観察デッキ
開園時間
2～10月　9:00～17:00
11～ 1月　9:00～16:30
広さ36ha（ヘクタール）、年間通してたくさんの鳥が観察できる野鳥の楽園です

初めて
来た〜
私は今年
3回目

大人1人300円
無料で双眼鏡を
借りられます
入園券

今日の鳥情報
チェック
よしっ
オオタカ
いるぞ

では
行ってみよー
何か咲いてる
キレイ

コブシだ
へー

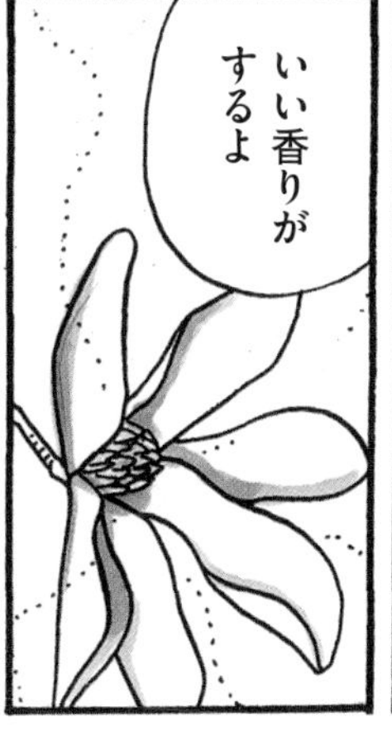
いい香りが
するよ

梅も
見頃ね

大田市場が
見えますよ

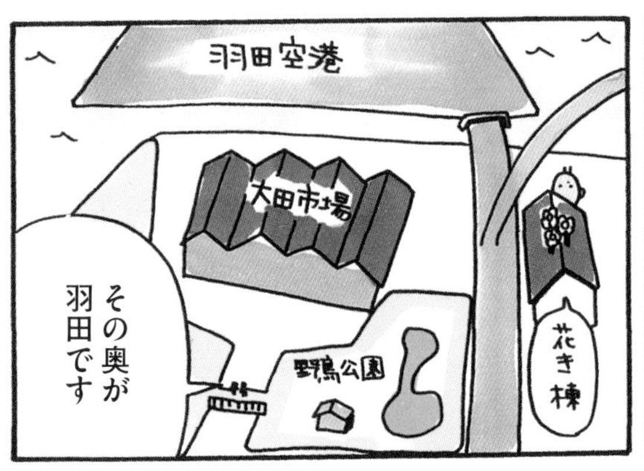
羽田空港
大田市場
野鳥公園
花き棟
その奥が
羽田です

では東観察
広場へ
はーい

この黄色いの
なんですか
サンシュユ

サンシュユ
花は春
ミズキ科の
落葉小高木
生け花に
使ったりするので
枝物でたまに
仕入れます
実

さっきから
何か鳴いてるけど
姿が見えず
チュッ
チュッ
チー
ヨシ原だから
オオジュリンかな？
約16cm
ヨシ原で
虫をついばむ

あら
メジロ

あら
つくし
うわ
すごい
たくさん
生えてる

東観察広場
望遠鏡が
あるよ

おお
よく見える
鳥、鳥、鳥
あ、黒いの
いたぞ

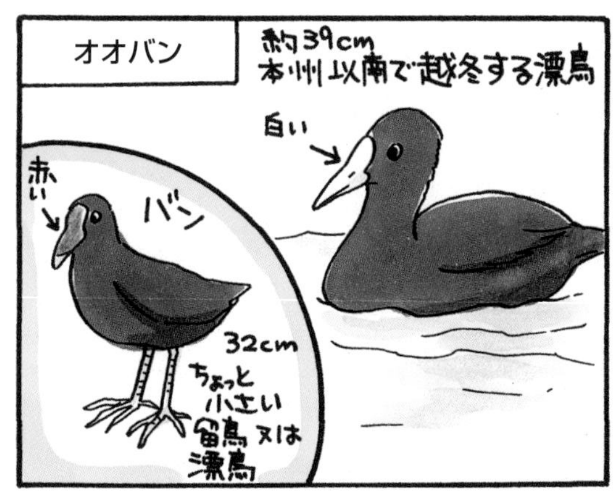
オオバン
約39cm
本州以南で越冬する漂鳥
白い
赤い
バン
32cm
ちょっと
小さい
留鳥又は
漂鳥

今日は
鳥少ないな
先行って
みましょう

ネイチャーセンターは
冷暖房、望遠鏡
完備で
鳥の観察ができます

まずは今日の鳥情報をチェック
今見られる鳥の写真
地図上に今日の鳥の観察情報が書いてあります
ん？ぬいぐるみがいっぱい

＊ぬいぐるみは実際の鳥とだいたい同じ重さになっています

ホシハジロ
オスの頭のオレンジが特徴
冬鳥
キンクロハジロ
頭の羽（冠羽）が特徴
冬鳥
カイツブリ
潜水が得意
ヒドリガモ
オスの頭の
クリーム色が特徴
冬鳥
スズガモ
キンクロより少し大きい冬鳥

今日はヨシガモが来てるわよ
あそこ
え どこどこ
レンジャーさんが教えてくれますョ
頭がキレイな緑色でしょ
ホントだ

こざるさん あの黒いのなんですか？
カワウでーす

手前の
草むらに
小さい鳥が
いる

どこどこ
あそこ

ジョウビタキの
メスだ
ヒッ
ヒッ
オス
かわいい

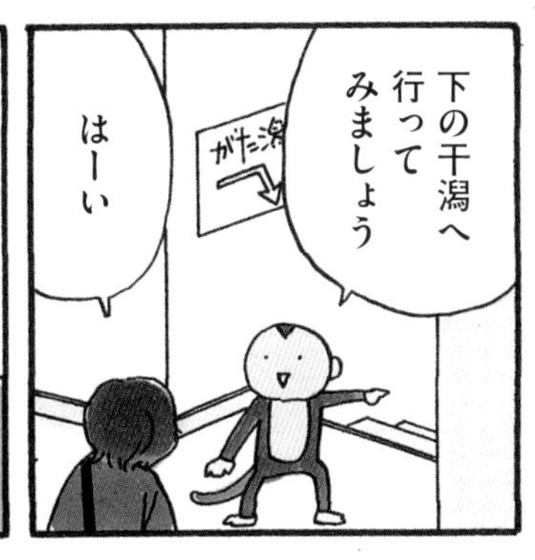
下の干潟へ
行って
みましょう
はーい

干潟にも
色々いるよ
トビハゼ
泥の中に
暮らす魚
跳ねるよ
アシハラガニ
チゴガニ

干潮時には
遊歩道を歩いて
生き物観察が
できます
干潟遊歩道
がた潟ウォーク
カニ
いない
人が来たから
逃げちゃったかな

ここって
落ちちゃう人
いるのかな
押すなよ
絶対に
押すなよ

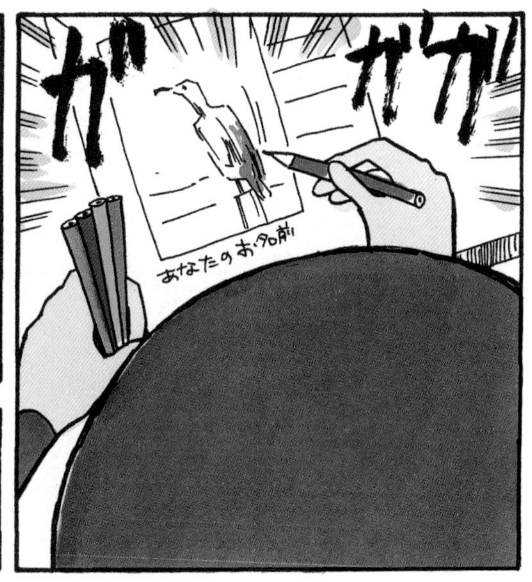

ということで
カワウの絵
貼ってきました

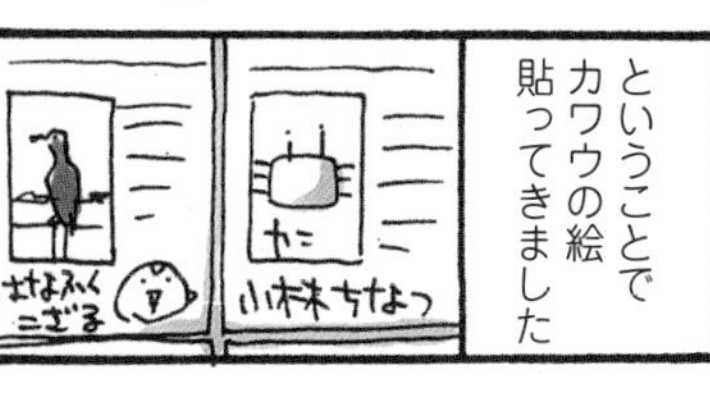

＊ 東京港野鳥公園［後編］＊

ではお次は前干潟観察デッキへ行ってみよう
はーい
ネイチャーセンタ

去年の春あそこでキョウジョシギ見たよ
石をひっくり返して虫を探す

今日は何かいるかな
これなんの花？

アオキの花
雌雄異株でこれは雄花のつぼみだよ
実
雄花
雌花

前干潟観察デッキ

あそこに何かいる
小林さん目がいいよね

イソシギ
尾をフリフリして歩く水辺にいる鳥

かわいい
何か探しているのかな

ケキョ

1号観察小屋
観察情報ではこのへんにオオタカがいたそうです

ホーホケキョ
ウグイス鳴いてる

なんか変な顔のがいる

カンムリカイツブリ
日本には冬鳥として
湖沼、河口などに
飛来する

あら
コサギが

小魚獲ったよ

2号観察小屋

おこっちは
アオサギ

こっちも
魚食べてる

カモも
いっぱいいいる
ん?

うわっ
何これ

カニが
ものすごく
たくさんいる!!
ひゃー

こんなにたくさん
しかも望遠鏡で
見たの初めて

(たぶん)
アシハラガニ
干潟によくいるカニ

ゴウ
鳥とカニと
飛行機が
楽しめる公園

ピーヒョロロ
トンビも
飛んでたよ

じゃあちょっと戻って
3号観察小屋へ
行きましょう

雪柳が
咲いてるね

これは
なんですか?

ムクゲの
種ですよ
ムクゲ?

夏に咲いてる
ハイビスカス
みたいなの

この種
おもしろいのよ

モヒカンみたいな
毛が生えてんの

※そうでもないみたいです

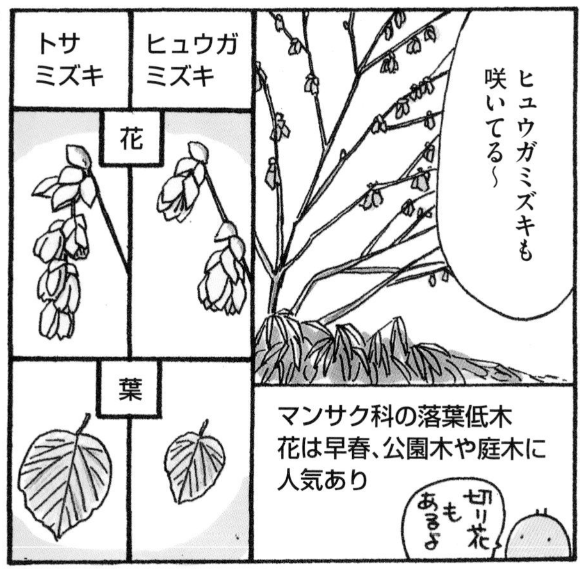

あっ

わっ

うわっ
キレイ
何これ
咲き分けの
ボケ
キレイ

ボケはバラ科の落葉樹
3~4月に花が咲いて
実は夏~秋に熟す
ボケは
品種色々
あるよ
東洋錦(とうようにしき)
咲き分けの人気品種
赤、白、覆輪(フクリン)、紅絞りと
咲き分ける

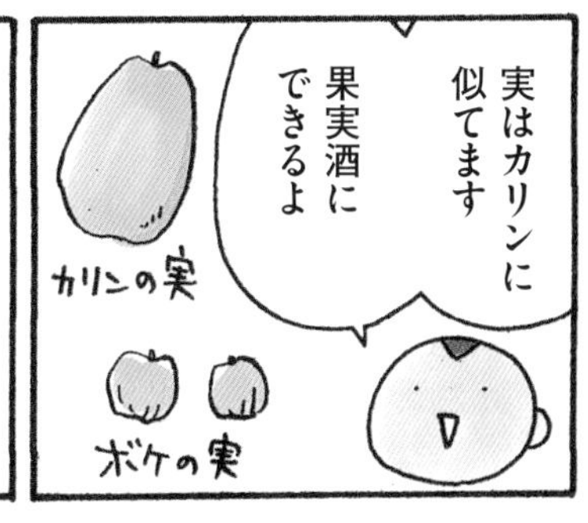
実はカリンに
似てます
果実酒に
できるよ
カリンの実
ボケの実

白とピンクと
白に紅絞りだね

こんだけ
咲いてると
圧巻
写真撮ろう

最後は3号
観察小屋
オオタカ
いるかな～

あら

マガモが
いっぱいいる

結局オオタカには
会えず帰路に

小林さんに
オオタカ
見せたかった
な～～～
他の鳥
いっぱい見れたから
いいですよ

おまけ
先月見た
オオタカと
ノスリの
2ショット

＊あしかがフラワーパーク［前編］＊

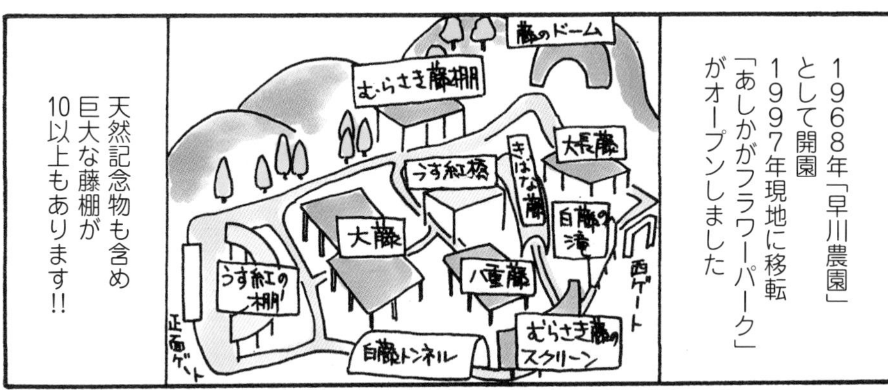

西口から入園です
すごい人
藤ソフト後で食べよー
藤ソフ

早速すごい藤

美しい
立派
ちょうど見頃だね

どっち行く？
フハッ

ものっすごい藤がある
栃木県指定天然記念物
大長藤（おおながふじ）
花房が最長1・8mにも成長する野田の長藤

移植が成功したすごい藤なんだって

1.8m
1・8mって私よりでかいじゃん
1.6m

ちょっと早かったねー
あと1週間、いや3日後だったらもっと咲いてたねー——
咲いてなくても十分満足っすよ

こっちは
白藤
こっちも
ちょい早っすね
カシャ
カシャ

藤のつぼみって
こんなバナナ
みたいなんだ
どうやって
咲くの？
こっち
少し
咲いてる

おお
八重桜
キレイ

ポピー
かわいい

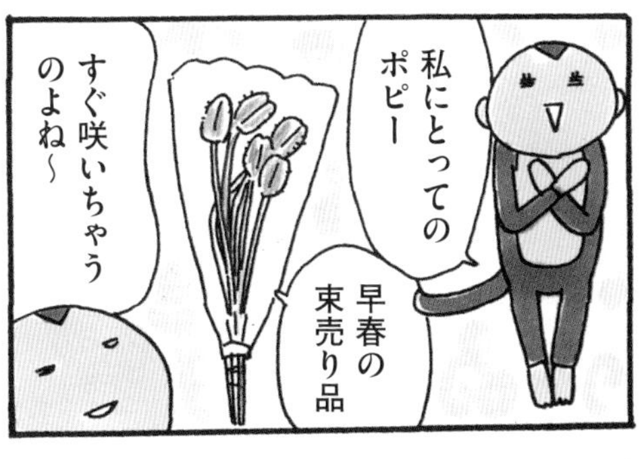
私にとってのポピー
早春の束売り品
すぐ咲いちゃうのよね～

植わってるのいいね
力強し

うすピンクの藤～
かわいー
こんなの初めて見た

この花なあに？
シャクナゲ

ツツジと同じツツジ科花はそっくりだね
シャクナゲ
くす玉っぽく固まって咲く
ツツジ

園内の主なシャクナゲの品種
アルバートシュバイツアー
ハレルヤ
ミヤス
ドクターエンズ
ベティワーマルド
レムズ
ちょうどシャクナゲが見頃です
色んな品種があったよ

きばな藤のトンネル

これが花
苞葉
ハンカチノキだ
花が咲いてる
※小石川植物園にも大木があったよ
花咲いてないと目立たないけどね

藤のドーム
これもまだっ
その分空いてていいっすよ
こざるさんあの花何？

ツツジも
見頃っす
藤も
いいけど
ツツジもね

またもや
巨大藤
むらさき藤棚
またもや
あんまり
咲いてない
でか

幹が
すごい
太い
相性は
見返り美人

下にも
色々
植わってる
キレイ
だね

ルピナス
ピンクのマーガレット
ネメシア
バーベナ

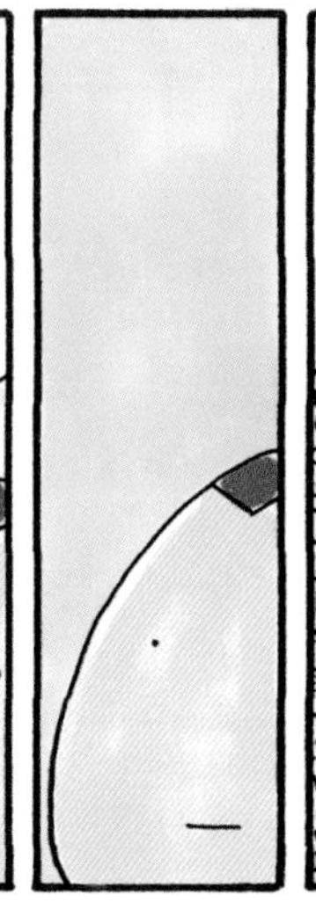

バーベナ
あんま仕入れないな
オレあんま好きじゃないのよ

1個売れ残ったピンクのマーガレット
こないだやっと売れたな

ルピナス
ミックスだと青ばっか先に売れてピンク残りがち

なんか仕事感がよみがえる

またまた立派な庭木仕立て
藤の非日常的な美しさで心が洗われるわ

＊あしかがフラワーパーク［後編］＊

すっごい藤が2つ

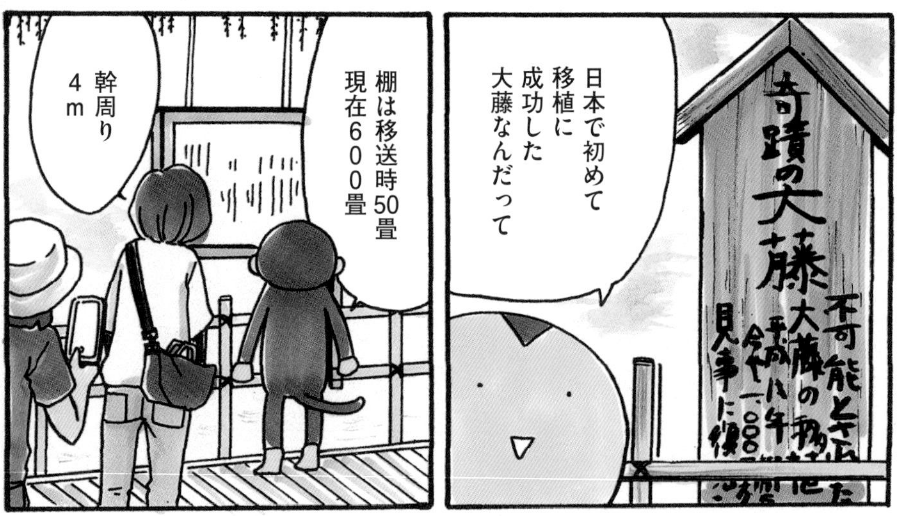
日本で初めて移植に成功した大藤なんだって
奇蹟の大藤
棚は移送時50畳
現在600畳
幹周り4m

大藤
樹齢150年を超える
2本の大藤棚
栃木県指定天然記念物

祠がある
神様いそう
です

いやー
すごいわこれ
もうちょっと
咲いてたら
な～
来週もっと
すごいね
冥途の
土産だわ

こちらは
うす紅の棚
長～いよ

この木
なんの木?

葉がトチノキっぽい
ベニバナ
トチノキだって

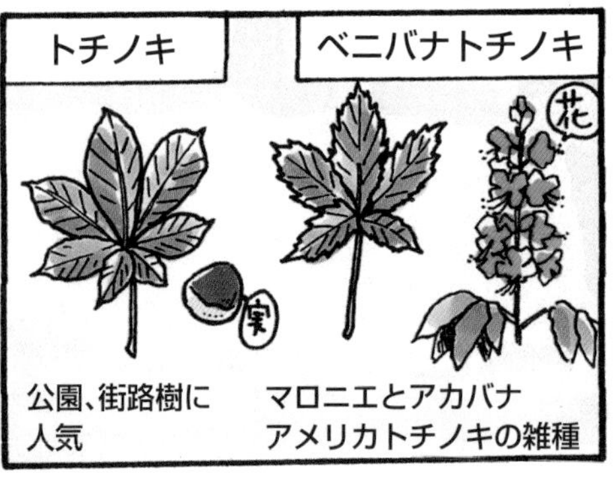
トチノキ
ベニバナトチノキ
花
実
公園、街路樹に
人気
マロニエとアカバナ
アメリカトチノキの雑種

そろそろ何か食べよう
お――

館林うどん
佐野ラーメン
大根そば

栃木なのに館林（群馬）にしちゃった
いいじゃんおいしそうで

む
ちゅるん
モチモチ

みなさんお待たせ

栃木名物
イモフライ
です

おいしそ
ささ
みんな
で食べ
ましょう
いただき

ん
ジャガイモの
フライだ
これって
栃木では
ポピュラー
なんすか？

どこにでもあるんで
東京に来るまで
全国区だと思ってました
お祭りの
屋台にもあるし

おおっ
群馬における
焼きまんじゅう
イエース

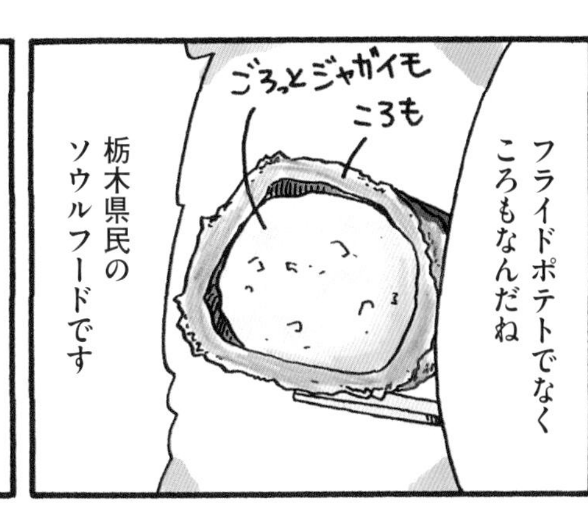
フライドポテトでなく
ころもなんだね
ごろっとジャガイモ
ころも
栃木県民の
ソウルフードです

こっちの大根そばは
有名？
うーん
これは
あんまり
見たこと
ないです
そばの上に千切りの
大根が乗ってます

佐野ラーメン
いかがです？
おいしいよ
定番な
感じ

食後 土産物屋を
ひやかします

…

小林さん
レモン牛乳って
有名？
有名です
でもレモン
入ってません

藤キャンディ
藤かまぼこ
超藤オシ
ガチャガチャ
あるよ

栃木ガチャだ
やろっかな
大藤
ギョーザ
忍者
ストラップ
マルパカ
特急スペーシア

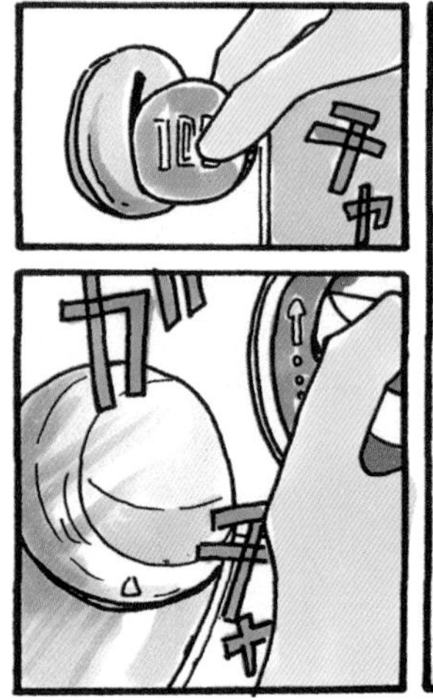
チャ
ガ
チャ

忍者
ホホホ
さてさて
他にも色々
あったのですが
そろそろ
この辺で

藤のスクリーン
とにかく
壮観でした

野鳥公園の冬はオススメ
お弁当持ってよく行きます
セキレイ来た
かわいい〜
ツグミ
シメ
モズ
色々いるよ
オレもいるだろ
キーキー
あんたどこにでもいるじゃん

あしかがフラワーパークの帰りに寄った
岩下の新生姜ミュージアム
巨大ショウガバルーン
NEW GINGER MUSEUM
壁面に曼陀羅の様なパッケージギャラリー
サブカル感満載クレイジーなミュージアムです
2000
岩下の新生姜
2018 4/22
写真用のブース
超オモロ

＊生田緑地＊

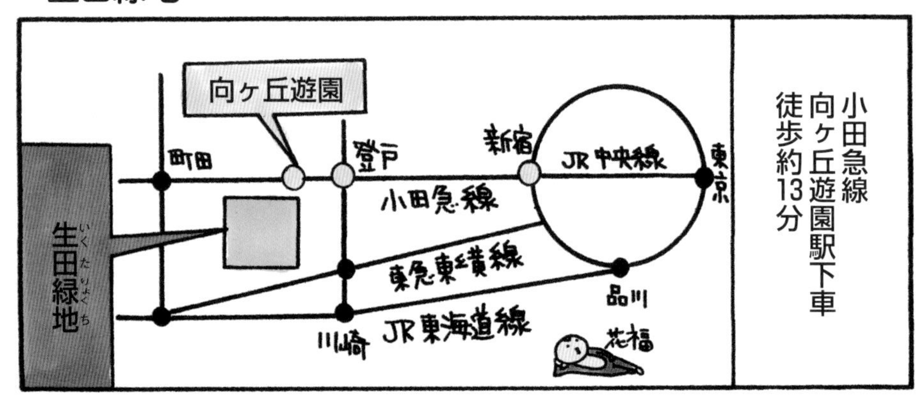
小田急線
向ヶ丘遊園駅下車
徒歩約13分
向ヶ丘遊園
町田
登戸
新宿
JR中央線
東京
小田急線
生田緑地
いくたりょくち
東急東横線
品川
川崎
JR東海道線
花福

今日は
生田緑地に
やって来ました
1941年にできた
川崎市最大の（95・5ha）
公園です
生田緑地

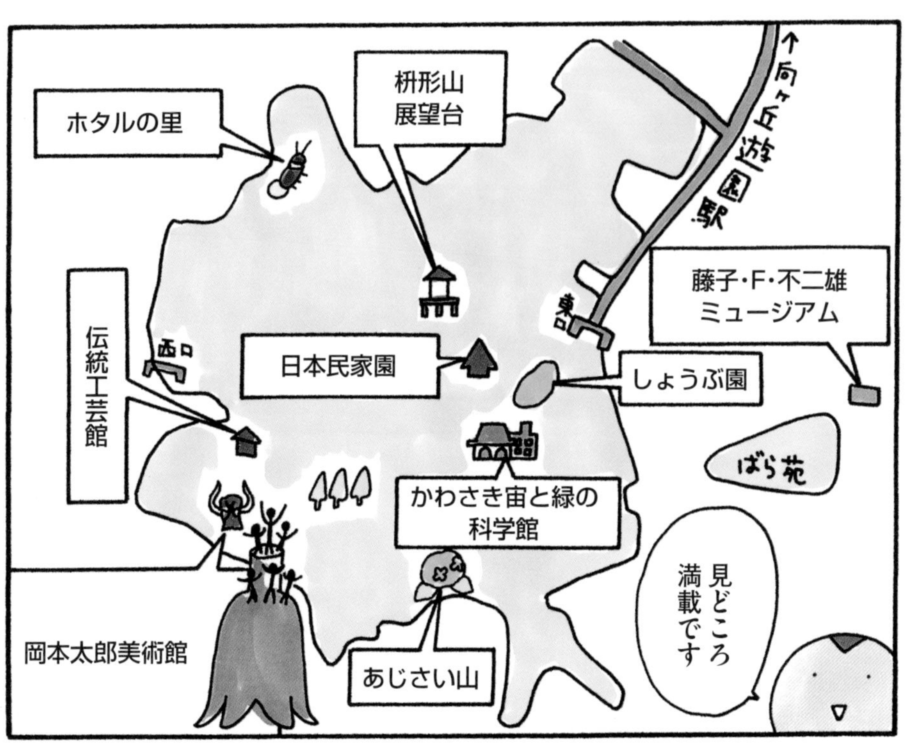

枡形山
展望台
ホタルの里
↑向ヶ丘遊園駅
藤子・F・不二雄
ミュージアム
東口
伝統工芸館
西口
日本民家園
しょうぶ園
ばら苑
かわさき宙と緑の
科学館
見どころ
満載です
岡本太郎美術館
あじさい山

日本民家園
古民家など
29の文化財を
展示しています
ここ
オモシロイ
ですよ
日本民家園
9:30 ～ 17:00
月曜定休
（祝日の翌日休み）
大人1人500円
しょうぶ園
ちょっと
遅かったですね
1つ
咲いてる

ここプラネタリウムとか
あっておもしろいですが
今日は外を回りましょう
あい

SLだ
昭和15年製造
30年現役後
昭和46年に
ここに来たって

こっち
あじさい山
だって
ちょうど
咲いてる

おおすごい
あじさい寺
並み!!

メタセコイアの
林でーす
でっけー

メタセコイア 水杉
一名アケボノスギ(曙杉)
スギ科 メタセコイア属
分布・中国(四川・湖北省)
1945年生木が発見(生ける
植物として有名 落葉高木

こんなに
植わってるの
珍しいですよ
紅葉も
キレイ
だし
実が
なってる

やや急な
階段を登ると
オカトラノオ
サクラソウ科の多年草
花期は6~7月

川崎市
伝統工芸館
藍染め体験ができます(有料)
要予約
伝統工芸館
日本民家園

アイってあんまり見たことない
これが藍染めのモトなんだ
藍畑

タデアイ
タデ科イヌタデ属
多年草
藍染めの原料
イヌタデ
花
イヌタデに似てる
今度はググッと下り坂
ヤブミョウガ
ツユクサ科の
多年草

青い
ブドウ
キブシ

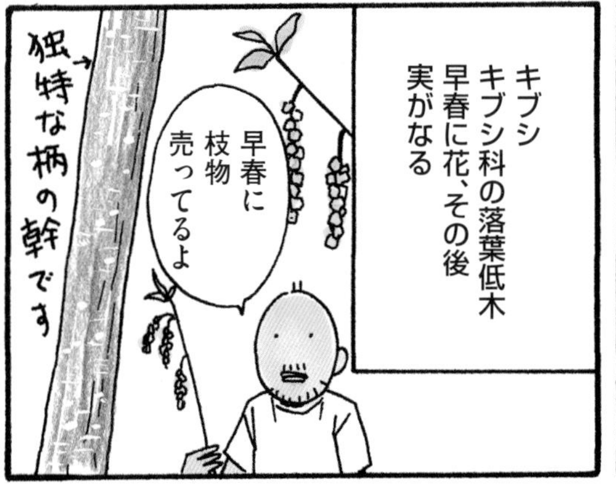
キブシ
キブシ科の落葉低木
早春に花、その後
実がなる
早春に
枝物
売ってるよ
独特な柄の幹です

この辺
ホタルの里
だって
うわっ

マムシ
いるの⁉
まむし
注意
藍染の
脚絆
履かなきゃ

それからまた
階段を
登りに登って

枡形山広場
鎌倉時代
ここに枡形城が
ありました
枡形山山頂八十四米
なぜ
ここに
城が？

曇ってるけど いい眺め
あそこ よみうりランド だ〜〜〜

今日は曇ってる からあんまり 見えないね

ここは鎌倉時代に 稲毛三郎重成が 作った枡形城が あったんだよ
ガイド*さん登場

※一般の方です

まずあそこが 新宿のビル群
都庁
都庁 見えますね

今日は 富士山が 見えないね

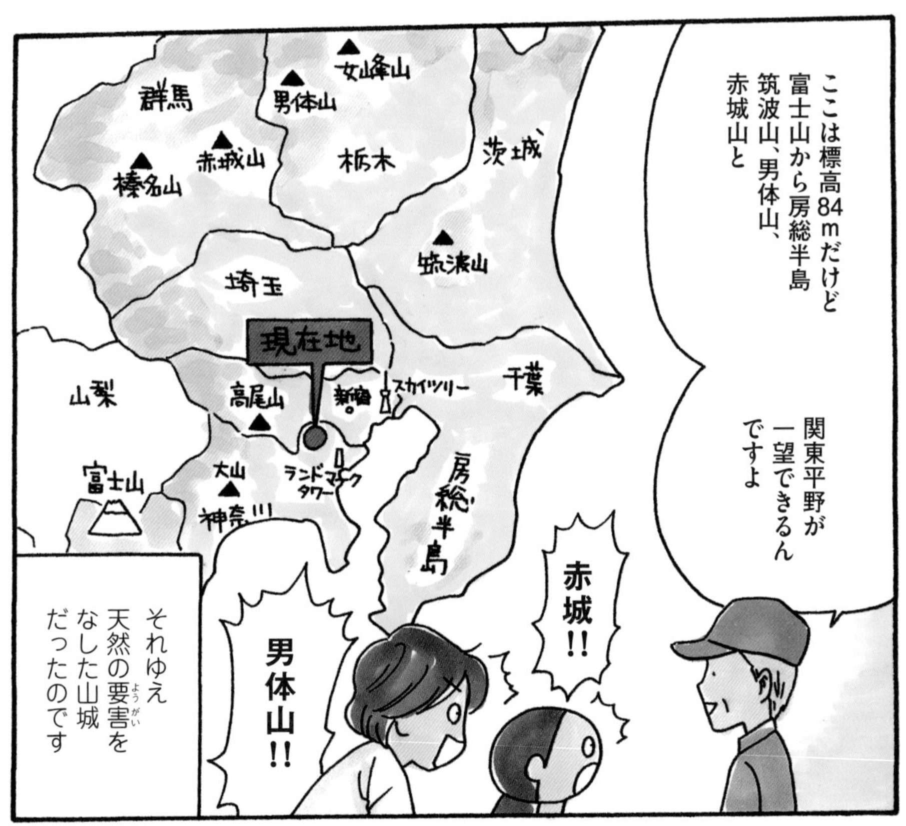

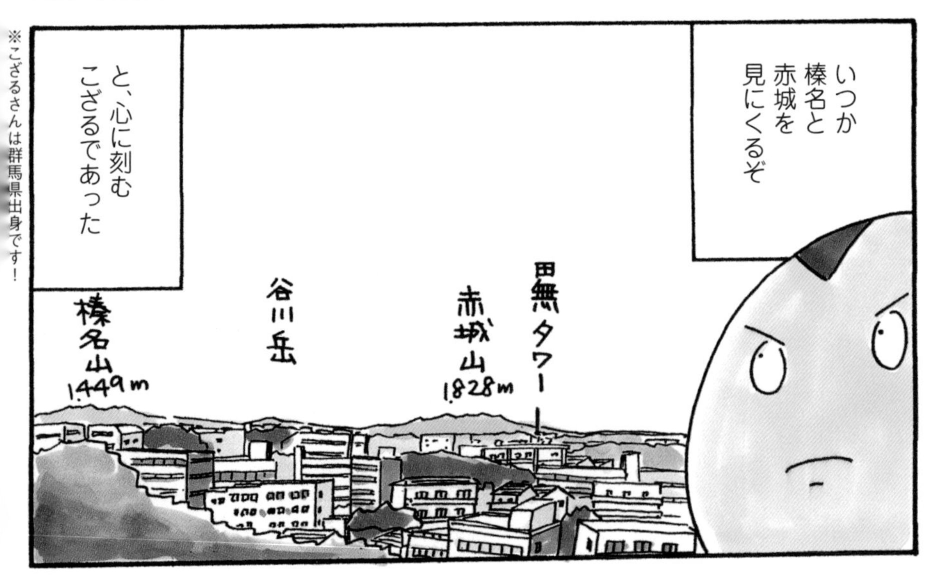

※こざるさんは群馬県出身です!

＊筑波実験植物園＊

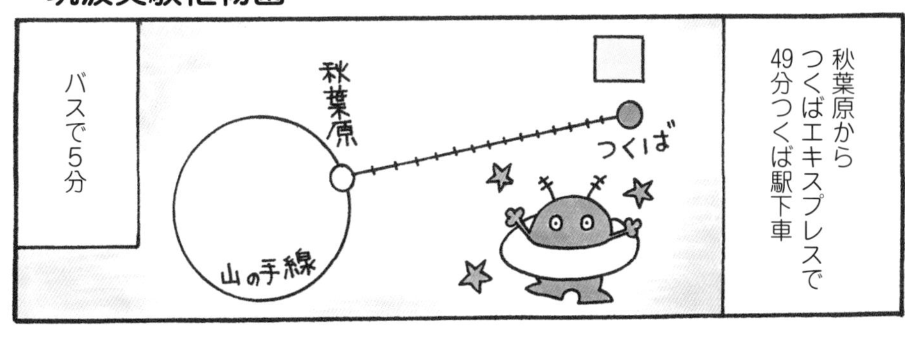
秋葉原から
つくばエキスプレスで
49分つくば駅下車
秋葉原
つくば
山の手線
バスで5分

筑波実験
植物園に
やって来ました
東京ドーム
3つ分の広さに
7000種の
植物を保存し
3000種を
公開しています

でっかいソテツー
園内は植物の生態ごとに19のブロックに分かれています
H5
温帯資源
入ってすぐ温帯資源植物です
わ
なんじゃこりゃ
いきなり個性的
初めて見た
切り花も鉢植えもあるよ
パイナップルリリー
クサスギカズラ科
分布:アフリカ南部
こっちは花屋でおなじみスモークツリーにドドナエア
オシャレな葉色
フワフワの花が咲く

なんだこれ

栗みたいな葉っぱだな

食の植物
シダレグリ
分布: 日本(本州)
シダレグリ
そんな栗あるのか

なんか実がなってる
桜っぽいけどなんだろう?

ウワミズサクラ

この木に溝を彫って占いに使ったのが名前の由来だって
ブラシ状の花
夏に熟す実
若い実の塩漬け
あんにんご
杏仁子

穀類とその原種
コーナー
エノコログサ
アワ
キビ
ヒエ
穀類が
一堂に
会して
おります

へー
トウモロコシの
原種って
こうなんだ
「テオシント」
中央アフリカで
トウモロコシの祖先と
考えられています

選別と育成を
繰り返して
トウモロコシを
作ったのよ

イチゴが
こんなに
オランダ
イチゴ
カジイチゴ
ニガイチゴ
ナワシロ
イチゴ
クマイチゴ

こっちも
なんか実が
なってる
ナツハゼ
日本に自生するツツジ科の落葉樹
日本のブルーベリーと言われている

ブルーベリーも
いっぱいなってる
ラビットアイ系の
定番品種
〝オースチン〟です

それにしても
アツー
ちょっと
休憩
しましょう

うわっ
シダコーナー
すごい数
約210種1000株以上の
シダが植わっています
単葉
ヘラシダ
イワオモダカ
ヒトツバシケシダ
ノコギリシダ
単羽状複葉
ヒロハイヌワラビ
２回羽状複葉
ミサキカグマ
３～４回羽状複葉

続きまして
水生植物ゾーン
コウホネ
スイレン科
根茎が
骨っぽいのが
名前の由来
ミツガシワ
氷河期の生き残りの
植物なのだ

ミズキンバイ
アカバナ科
絶滅危惧種
自生しているのは少ない

湿地コーナー
去年見た
ミズカンナだ

それにしても
ココすごい
っすよ

そこら中に
珍しい
植物が
ヤツガタケトウヒ
絶滅危惧IB類

描き切れないので
続きます！

キキョウって絶滅危惧種？
野生種の自生株は少ないのよ
売ってるのは園芸種なんだよね

キキョウって売ってるし育ててる人も多いけどあんまり増えないかも

勝手に増えちゃうのもいっぱいあるのにね
ルドベキアタカオ
キバナコスモス
オオキンケイギク

実がなってる
ゴンズイっすね
ミツバウツギ科の落葉小高木
初夏に花が咲き
秋に実が熟す

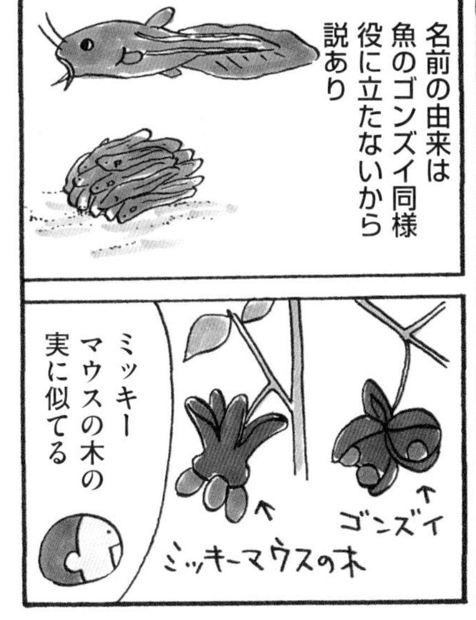
名前の由来は魚のゴンズイ同様役に立たないから説あり
ミッキーマウスの木の実に似てる
ゴンズイ
ミッキーマウスの木

花屋でおなじみのユリ
オリエンタル系（カサブランカなど）
スカシユリ
テッポウユリ
LAユリ
鬼ユリ系って普段仕入れないから新鮮

ゴマキ
ゴマキ（ゴマギ）
Viburnumsiebldii
レンプクソウ科 ADOXACEAE
（旧スイカズラ科）

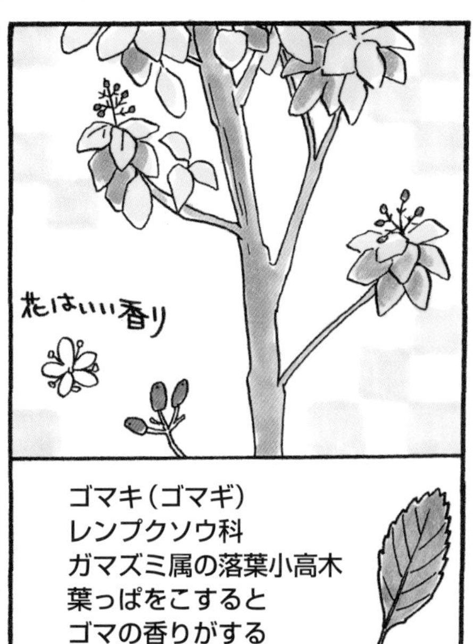
花はいい香り
ゴマキ（ゴマギ）
レンプクソウ科
ガマズミ属の落葉小高木
葉っぱをこすると
ゴマの香りがする

アカンサス
カロリアレクサンドリ
キツネノマゴ科
これも見たことないよ
よく見るアカンサス・モーリスの葉
でっかい

続きまして
熱帯資源
植物園へ
食べたことは
あるけど
見たことのない
植物がいっぱい

入ってすぐ
オシャレ
チランジアコーナー

昔（花屋
になる前）
枯らしちゃったな
チランジア
（エアプランツ）

バニラ
バニラの木だ!!

バニラの実ってこんななんだ
中の種が香りの元

大き――い
皇帝アナナス
パイナップル科
開花まで10年かかると言われています
10年かかって今年の5月に咲いたんだって

バニラビーンズ（さや状）
香りを抽出して使う
バニラビーンズ
アイスやプリンなど お菓子に
バニラエッセンス
アルコールに漬けて抽出
バニラ

この時はもう花は終わってました（残念）
咲いてるところ

自生地は標高1200～2000mだって
結構高いね
1989m
七面山
1391
榛名富士

バナナなってる

前から思ってたんだけど
ちょっといいすか
なんすか

南国っ子のバナナもそこらへんの芭蕉も同じバショウ科のバショウ属なんですよ

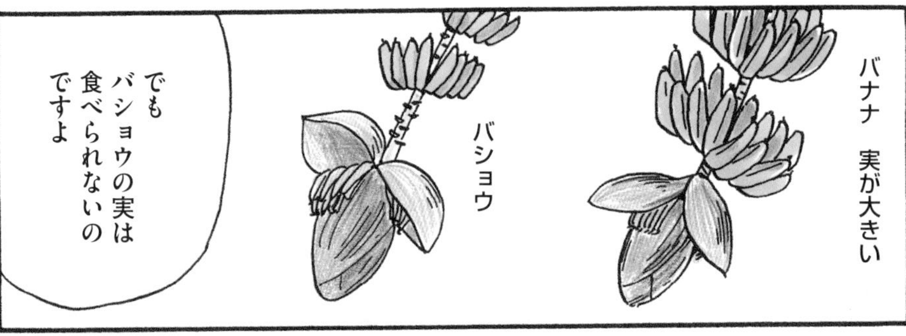
バナナ　実が大きい
バショウ
でもバショウの実は食べられないのですよ

芭蕉庵には芭蕉が植わっていたんだって

あれは弟子が植えたのよ
芭蕉
へー
あっちにオモロイのあるよ
はーい

ぼわーすごい

こっち
来——い
うわ——

怖かった
また
変わった花

幹に花が
咲いてる
カカオの
花です

カカオは
幹に花が咲いて
幹に実がなるのだ

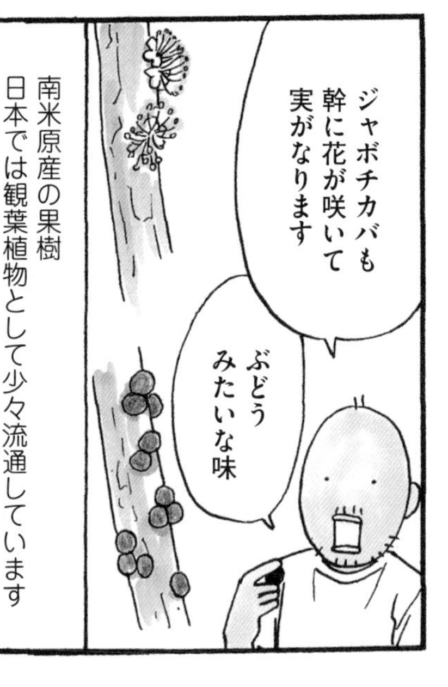
ジャボチカバも
幹に花が咲いて
実がなります
ぶどう
みたいな味
南米原産の果樹
日本では観葉植物として少々流通しています

からみつく
モンステラ
パンノキだ
パンノキ　クワ科の常緑樹。
実はデンプンが豊富。
加熱すると
パンのような食感

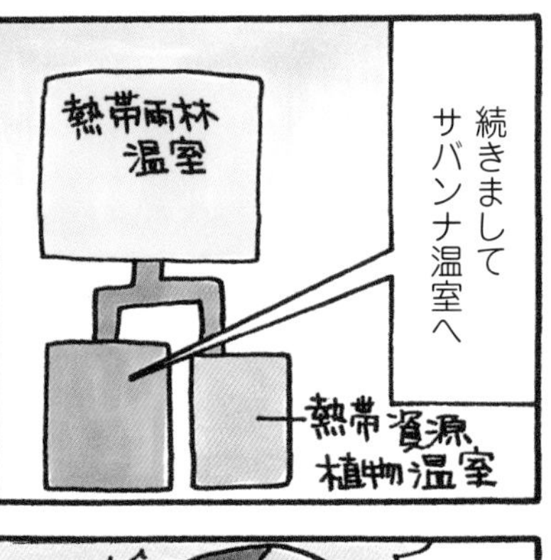
続きまして
サバンナ温室へ
熱帯雨林
温室
熱帯資源
植物温室

グレビレア
でっかい
ヤマモガシ科の常緑低木
オーストラリア原産
寒さにやや弱い。花も楽しめる

あっ

なかなか
こんな大きなの
ないですよ
ウチの
この
くらい
花も
咲かないし

あんまり
見たこと
ないです
まだちょっと
珍しいよね

オーストラリアや
ニュージーランド原産の植物は
近年人気が高まってます
メラレウカ
ドドナエア
ティーツリー
ユーカリ
冬暖かいから
生き残れるように
なってきたよ

ハナキリンの
思い出

小学校の教室で
うわ
恐怖新聞

モヘアのセーターが
引っかかった
うえーん

ウンカリナ・グランディディエリ
わ

ウンカリナの
実だ!!

ライオンを
殺すほど鋭い
トゲがあるん
ですよ
別名ライオン殺し
すごく
危険です

サバンナ温室は
亜熱帯の乾燥地域の植物が
地域ごとに植栽されています
オモロイの
多いよね

サバンナに
多く自生
巨木になる。
実は食用
樹皮は
ロープなど
多用途に
用いられる
バオバブです

サバンナ温室と
熱帯資源植物温室の間に
ミニコーナーがありました
とげとげ
ふわふわ

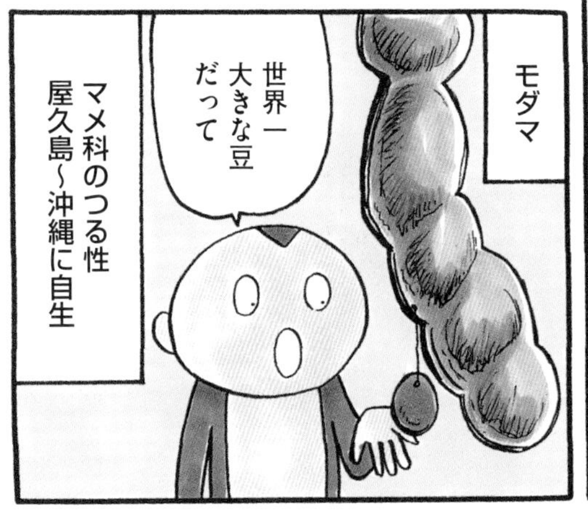
モダマ
世界一
大きな豆
だって
マメ科のつる性
屋久島～沖縄に自生

アサギリソウ
キク科の多年草
人気の山野草だよ
ふわふわ
見て見て小林さん
ヘリコニア

ヘリコニア・ロストラタ
ロブスターのハサミのような苞が特徴
切花が流通しています
『続 花福日記』の口絵のスタンド花に入れたやつですよ
ひとまず一区切りとさせていただきます！
ここまでが連載分で次ページから描き下ろしです！

さてさて この他にも紹介したい植物がいっぱいあるのですが

＊［描き下ろし］池上梅園＊

最後は池上梅園でーす
あいにくの雨ですが楽しみますぞ
池上梅園
東急池上線池上駅下車徒歩20分池上本門寺のお隣です
東京都
品川
川崎
池上梅園
本門寺
池上駅
大人1人100円　小人1人20円
9:00 ～ 16:30開園
月曜（月曜日祝日の時は翌日）と
年末年始定休日

まず見晴台へ行きましょう
梅キレイ

私先月（2月）にも来たんですよ
微妙に咲いてる品種が変化してますよ
へー

先月咲いてたの
緑萼枝垂（りょくがくしだれ）
濃い赤
黒雲（くろくも）

いい眺め

見驚だ
けんきょう?

見て驚くほど美しい梅よ
なるほど

見驚は人気定番品種
花福でも早春に時々仕入れています

あらミニ梅コーナー
内裏
日光

みんなカッコイイ名前
梅とか、椿、菊、牡丹、なんかは和名品種が多いんですよ

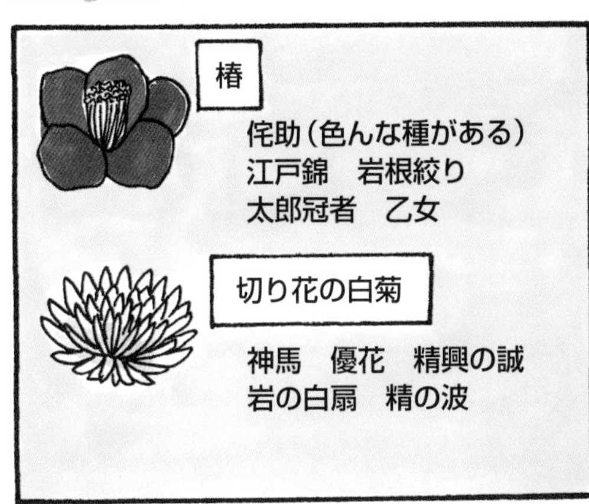
椿
侘助（色んな種がある）
江戸錦　岩根絞り
太郎冠者　乙女
切り花の白菊
神馬　優花　精興の誠
岩の白扇　精の波

なんかあるよ
すいきんくつ?

水琴窟
日本庭園の装飾の１つ
手水鉢やつくばいの水が
地下に作った空洞に落ちると
琴の音のような音がする仕掛け
キンキン

やってみよう

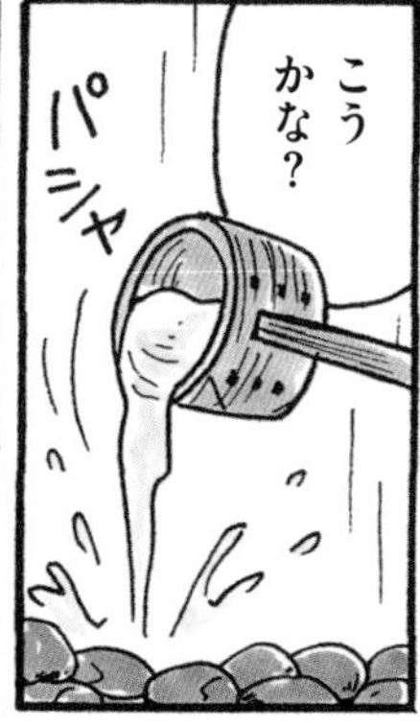
こうかな?
パシャ

シトシト
ピシャ
ピシャ

雨音でよくわからん

あとでネットで聴いたらなかなかいい音でした
琴っぽい
キンキン

雪つり

聴雨庵（ちょううあん）
昭和58年に
政治家藤山愛一郎氏から
大田区に寄贈されました

池上梅園には
2つの茶屋と
1つの和室が
あります
レンタル可
（要予約）
清月庵（せいげつあん）
設計家 川尻義治氏が
自宅に建てた離れから
華道・茶道家 中島恭名氏を
経て大田区へ寄付された

池がある

この梅
白と
ピンクだ！
思いのまま
ですね

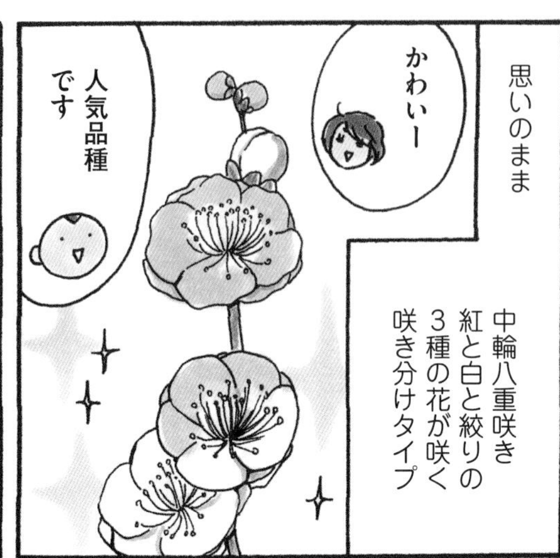
思いのまま
かわいー
中輪八重咲き
紅と白と絞りの
3種の花が咲く
咲き分けタイプ
人気品種
です

これもたまに
仕入れますが
とっても人気です

遅咲きだから
今ちょうど見頃
ですね

座論梅（ざろんばい）は
こちらだって
それ前回
見なかった

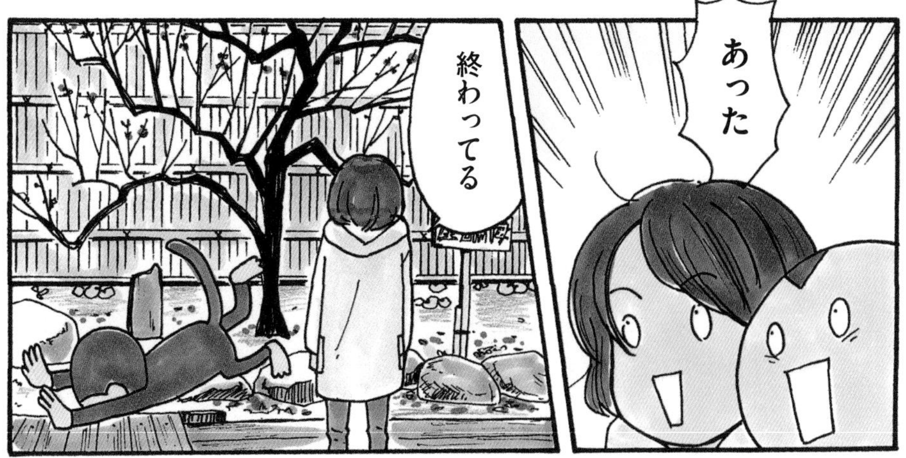
あった
終わってる

座論梅
しべが多いので実が多くなる梅
ここの梅は1つの枝に対になって花が咲くのが特徴

中国の賢人が座論を交わしていることから命名されたそうな

牡丹の冬囲いだ
今年は雪が積もらなかったね
暖冬でしたね

帰りに池上本門寺へ
もう少しですよ!!
階段しんど

力道山のお墓

9代目
片岡仁左衛門の墓
仁左様のお墓
小林さん仁左様ファンですもんね

池上梅園にて

2月に店長と行きました

あとがきマンガ
皆様
最後まで
ご覧頂きまして
ありがとうございます

さて、このマンガに
出てくる公園は
東京 正下
栃木 一
神奈川 T
茨城 一
東京
ばっかり
なんですよね
ゴメンね
予算なくて…

小林さま

売れっ子
作家さんの
旅エッセイって
交通費とか
経費って
出るんですかね？
…
うーん
どうでしょう

この本が
たくさん売れて
続編が
出せたら
もっと
あちこち
行けます
ように
密かに
願っております

さて今回は
オールカラーマンガ
初の
がんばるぞ――
お――

なにで塗ろうかな・・・
他のカラーマンガを読んで思案

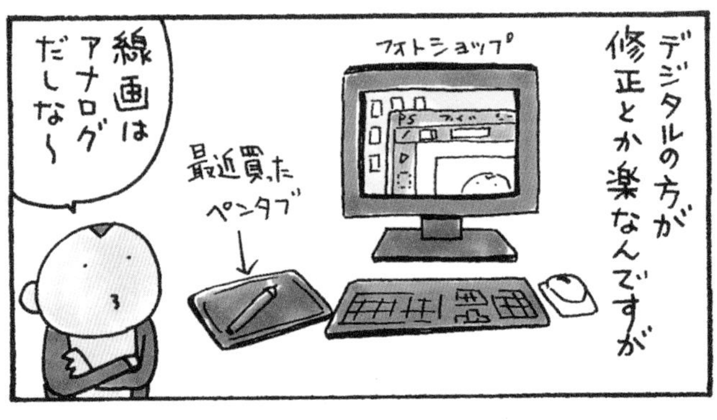
デジタルの方が修正とか楽なんですが
フォトショップ
最近買ったペンタブ
線画はアナログだしな〜

今のご時世で紙のカラー本を出せるなんて最初で最後かも

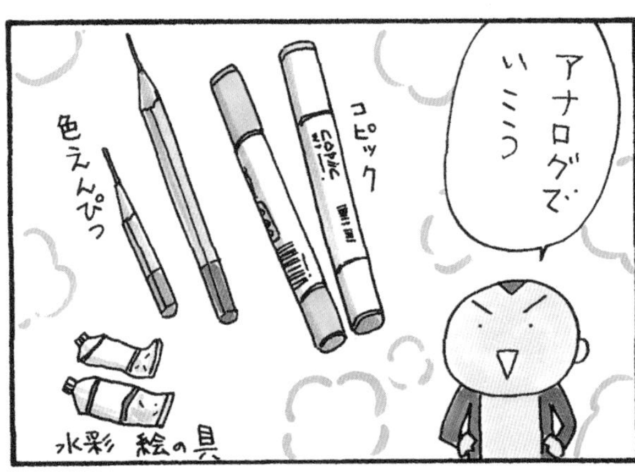
アナログでいこう
コピック
色えんぴつ
水彩 絵の具

しかし毎月の〆切はてんやわんや
うわー間に合わない
急いで塗らねば
単行本の時キレイに塗り直そう

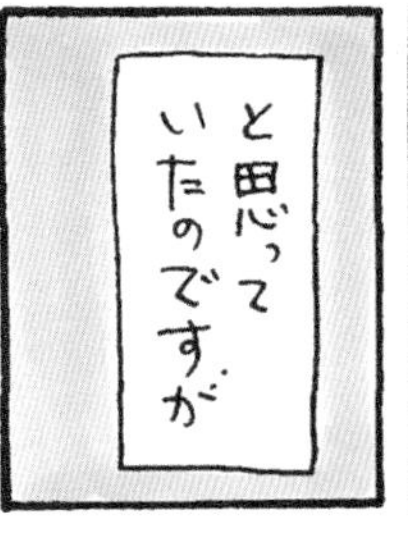
と思っていたのですが

単行本作業中
あれ

直そうと思ってたけどこれはこれでいいか
絵ってその時の気持ちとか勢いが入ってるから直しにくいのね・・・
ということで修正は最少限にしました
第一話は全リテイクしました

＊初出――Webメディア・マトグロッソ
2018年5月24日～2019年9月19日掲載分に
描き下ろし(「池上梅園」 他)を加え構成しました。

コミックエッセイの森

2020年5月18日　初版第1刷発行

[著　者]　花福こざる

[発行人]　堅田浩二

[本文DTP]　松井和彌

[編　集]　小林千奈都

[発行所]　株式会社イースト・プレス
〒101-0051 東京都千代田区神田神保町2-4-7　久月神田ビル
Tel 03-5213-4700　Fax 03-5213-4701
https://www.eastpress.co.jp/

[印刷所]　中央精版印刷株式会社

[装　幀]　坂根 舞（井上則人デザイン事務所）

定価はカバーに表示してあります。

ISBN978-4-7816-1883-8 C0095